— 科普基石丛书 —

“地心之旅”

从科幻到现实

"DIXIN ZHI LU"

CONG KEHUAN DAO XIANSHI

《科普基石丛书》编委会　编著

四川科学技术出版社

·成都·

图书在版编目（CIP）数据

“地心之旅”从科幻到现实 / 《科普基石丛书》编委会编著. -- 成都 : 四川科学技术出版社，2017.6（2025.1重印）

（科普基石丛书）

ISBN 978-7-5364-8650-8

Ⅰ. ①地… Ⅱ. ①科… Ⅲ. ①地球科学—普及读物 Ⅳ. ①P-49

中国版本图书馆CIP数据核字(2017)第108026号

科普基石丛书 · “地心之旅”从科幻到现实

编 著 者 《科普基石丛书》编委会

出 品 人 程佳月
选题策划 程佳月 肖 伊
责任编辑 王 娇
营销策划 程东宇 李 卫
封面设计 墨创文化
责任出版 欧晓春
出版发行 四川科学技术出版社
成都市锦江区三色路238号 邮政编码 610023
官方微博 http://weibo.com/sckjcbs
官方微信公众号 sckjcbs
传真 028-86361756
成品尺寸 170mm × 240mm
印 张 6.25
字 数 119千
印 刷 天津旭丰源印刷有限公司
版 次 2018年1月第1版
印 次 2025年1月第3次印刷
定 价 38.00元
ISBN 978-7-5364-8650-8

目 录 contents

DIXIN TANMI

地心探秘

地球内核驱动着一个巨大的磁场，这个磁场把我们与险恶的宇宙隔开。然而，地球内核究竟是怎样运作的呢？

科拉超深钻洞

一个几乎被人遗忘的冷战竞赛的遗迹。

俄罗斯西北部遥远的科拉半岛上，在一座废弃科考站锈迹斑斑的废墟中，有一个世界上最深的洞。如今被焊接铁板封闭并被称作“科拉超深钻洞”的这个深洞，其实是几乎已被遗忘的冷战竞赛（指1947年至1991年间，以美国为首的资本主义阵营与以苏联为首的社会主义阵营之间的政治、经济、军事斗争）的遗迹。这场竞赛对准的目标并非是太空，而是地球内部。

1970年春季，一个苏联科学家团队开始在科拉半岛钻洞，目的是在技术允许的前提下尽可能深地钻进地壳。在苏联人开始这项工程之前几年，美国人却放弃了其深钻项目——“莫霍计划”。该计划原本打算深钻数千米，钻穿太平洋海底，提取下面的地幔样本。然而，花了5年时间，美国人却只在3 000多米深的海底钻了大约200米深度。

苏联人显然有毅力得多。他们在科拉半岛的钻探持续了24年，这个项目甚至持续到了苏联解体之后。该计划直到1994年才宣告终结，当时已经钻探到了27亿年前的岩层，比位于美国大峡谷底部的毗瑟挐岩层几乎还多10亿岁。科拉超深钻洞底部的岩石塑性很强，以至于钻头一抽出后钻洞就开始合拢。

那么，科拉超深钻洞在钻探了24年后的深度是多少呢？大约是12.2千米。这个深度大于珠穆朗玛峰的高度，差不多为地壳与地幔之间距离的一半。但考虑到地球的直径——12 743千米，这个深度简直不值一提。如果把地球按比例缩小至一个苹果大小，那么科拉超深钻洞的深度还不及刺破苹果皮。

按照上述比较，地球上所有矿井、隧道、洞穴、裂缝、海洋和一切生物，都位于地壳顶部或地壳内一层薄薄的壳以内，而这个壳的厚度还不如蛋壳。地球巨大、深邃的内部——地幔和地核还从未被人类直接探索过，而且或许永远都不能被直接探索。地幔开始于约地面下24千米，地核始于我们脚下2 897千米，而目前我们对于地幔和地核的了解全部来自于遥测。

尽管我们对于宇宙的了解几乎每天都在刷新，但是对于地球内部运转情况的知识更新却缓慢得多。科学家指出，前往太空比前往地下同样距离的难度要小得多，而钻探到地下5 000米深度比钻探到5 000~10 000米深度要容易得多。

科学家现在已经知道，存在于地表的生命受到了地下无法企及的深度所发生事件的深远影响。地心温度堪比太阳表面，地心的超级热量搅动由熔融的铁和镍构成的外地核，由此产生的磁场令

科拉超深钻洞的洞口

致命的宇宙射线和太阳辐射偏离地球。如果没有了这个保护性的磁盾，地球会如何呢？看一看在缺乏磁场的火星或金星表面上的场景，就不难想象了。

对于造就地球保护性磁盾的行星结构，科学家几十年前就已大致了解：月球大小的固态铁内核被2 200千米厚的液态铁、镍外核包裹，再上面是2 800千米厚的固态地幔，最上层则是由缓慢移动的构造板块组成的地壳。但说到地球最深的内部，科学家的了解还很不完整。

事实上，我们已有的对地核的了解已经出现了问题，而这个很严重的问题在过去一两年中才浮现出来：虽然已经知道地球磁场在地球的大部分历史上（数十亿年来）持续存在，但为何会这样却是一个谜。对于地核在其整个历史上的运作情况，科学家所掌握的知识并不比十年前多。

“地核任务”

狂野设想旨在说明前往实地探测有多么重要。

尽管火星和其他一些行星距离地球非常遥远，但科学家对它们的认识却比对地核的认识要深入得多，这其中的理由其实很简单：光子能告诉我们宇宙其他地方的信息，而地球内部没有光子跑到地面让我们解读。事实上，探索地球内部的方法至今很有限。

美国加州理工学院的地球物理学家戴维·斯蒂文森在著名科学期刊《自然》上发表了一篇论文，谈及了突破上述限制的一个“狂野”设想。这篇名为《地核任务：一个谦虚的提议》的论文，描述了一种把一部小型探测器直接送到地心的方法。这个论文标题是为了向1729年的一篇讽刺文章《一个谦虚的提议》致敬。在这篇猛烈抨击英国对爱尔兰政策的文章中其作者提议：把爱尔兰孩子卖给英国贵族们当肉吃，这样一来就能缓解爱尔兰的贫困。与这篇文章的作者一样，斯蒂文森并不是想论证他的这个“疯狂”设想的实际可行性，他只是想用他的论文充当一次思维实验，旨在显示把探测器发送到地心所需的那种“如同摇撼地球一般的”超巨大努力。

好莱坞科幻大片《地心之旅》宣传海报图片

斯蒂文森“地心之旅”计划的第一步：引爆一枚热核武器，在地球表面炸开一道好几百米深的裂缝。第二步：倾注11万吨的熔融铁到裂缝中。（斯蒂文森现在认为，就算是11万吨熔融铁也不够，但核弹并非必需，100万吨常规炸药也许

地球内核驱动着一个巨大的磁场，这个磁场把我们与险恶的宇宙隔开

就能搞定。）熔融铁的密度是周围地幔的2倍，因此它们会一路延伸裂缝，直到地心。随着熔融铁的下降，其背后的裂缝会在压力下很快被周围的岩石填充，这样就不会让裂缝灾难性地扩张，从而避免在地面上形成大裂缝。第三步：让一部足球大小的耐高热小型探测器随着熔融铁降至地心。在此过程中，探测器记录自己所经过的岩石的温度、压力和组成。由于无线电波不能穿越固体岩石，因此探测器必须振动，以一系列微型地震波的形式传输数据，而位于地表的一部超灵敏地震仪负责接收信号。

现有技术已经能建造一部可浸没在熔融铁中采集数据的探测器，但这个计划的其余部分怎么完成？斯蒂文森“地心之旅”能否行得通？斯蒂文森表示，这个计划可能行不通，大部分原因是需要的经费实在太过巨大。他指出，在可行性方面看似荒谬的工程可能实际上并不违背物理学法则，他的“地心之旅”设想也是如此，如果真的可以不计成本，那么这个计划也许并非行不通，只是这个成本像天文数字一般巨大，因而行不通。

斯蒂文森说，他的这篇论文并非是想促成真实的地心之旅，而是想强调：只是基于地面探测来构建关于地球内部的理论，显然会限制我们的视野。他说，行星探索的历史告诉我们，前往实地探测有多么重要：一次又一次到达行星后我们才发现，有好多东西是仅仅在远距离外观测行星所不可能知道的。对于地球内部来说同样如此。我们甚至依然不知道毗邻地核的材料究竟全部是固体还是只有部分呈固态，也不知道地核—地幔分界线的性质。只有去到地心，许多问题才会有确切的答案。

窥探地心

一场7.8级的大地震证明地球拥有一个固体内核。

因为无法直接窥探地面下数千米以下的深度，斯蒂文森和其他一些地球物理学家至今只能依赖一些间接方法。有根据的猜测和并不那么有根据的猜测，长久以来一直主宰着地质历史。虽然开普勒、伽利略和其他科学家早在17世纪就已经为现代天文学奠定了根基，但是地球科学长时间来却依然停留于中世纪水平，深陷于神话与奇想的泥淖中。

在1664年出版、由神学学者基尔瑟描绘的地图中，一个洞穴状的地球内部填充着一些小洞室，其中一些洞室充满空气，一些充满水，还有一些充满火。“地狱”占据着燃烧的地心，“炼狱”稍稍靠外一些，从导管中涌出的烈焰驱动着温泉和火山，同时也折磨着“罪人”。虽然身为神学家，但基尔瑟并不闭门造车。有一次，他让一名助手协助他下降到维苏威火山仍在冒烟的火山坑里，以便测量那里的温度。

就算是当时最佳的天文学家，当他们把目光转向地球内部时，也一样会犯错。在1692年发表的一篇论文里，英国天文学家埃德蒙·哈雷（哈雷彗星的发现者）声称“地球内部大部分是空的，地球由围绕同一个核旋转的三层同心壳组成”。他估计人类居住的地球最外层壳的厚度为800千米。（实际上，哈雷的计算错误是基于牛顿在关于地球和月球相对质量方面的一个误算结果，这导致哈雷严重低估了地球质量。）他还说，由发光气体组成的大气层把这些壳层分隔开，其中每个壳层都有自己的磁极。哈雷甚至相信，地球内部的壳层也有人居住，而且也被地下的太阳照亮。

1875年，记录时间的地震仪发明后，对地球结构的详细描述方开始出现。19世纪末，北美洲第一部地震仪在美国加利福尼亚州圣何塞附近的利克天文台安装并投入使用，它记录到了1906年的旧金山大地震。到20世纪初，全球地震仪网络使得科学家能记录从地球的一面传播到另一面的地震波。

大约每30分钟，全球就会发生一次足以被感知到的地震。每次地震都会释放一系列地震波。除了让地面扭曲变形并且造成巨大破坏的地震波之外，地震还会产生其他两类活跃在整个地球内部的地震能量。第一类是地震纵波（或称初波），它们会压缩自己穿越的岩石或液体层，它们穿透花岗岩的速度超过4.88千米/秒。第二类是地震横波（或称续至波），当它们起伏穿越地球时，它们会撕裂岩石，产生科学家所称的“剪切力”。穿行速度大约为纵波一半的横波是到达地震仪的第二类波，故又名续至波。

续至波只会穿越固体，液体中不存在剪切力（因为液体不能被撕裂）。这两种波的速度和路径，依据它们所遭遇材料的密度和弹性而不同。每当到达两

基尔瑟描绘的地心图

个密度和其他特性不同的区域之间的界面时，它们都会偏离轨道。通过分析来自于地震波的这类数据，科学家就能辨识构成地幔和地核的岩石和金属。

直到20世纪的前几十年，大多数科学家都一直相信地球有一个液态内核。相关证据看来很明晰：地球内部的地震波图显示地心缺乏续至波，很可能是因为续至波击中了自己无法穿行的液态区域。地震波研究也显示，所有地震都会在地表形成纵波“影区”，纵波达不到位于这些地区的一些地震观测站。根据地震发源地点的不同，纵波影区的位置也不同。为了解释影区的存在，科学家认为是地球的液态内核使纵波偏离了其预期的轨迹，因此所有地震仪观测站都记录不到它们。

1929年，在新西兰发生了一场7.8级的地震后，有关地球拥有一个固体内核的首个提示终于浮现。如此强烈的地震自然会提供大量数据，全球相关科学家当时都在地震仪观测结果中搜索地震余波。然而，其中只有一个人注意到了不同寻常之处。丹麦女地震学家英厄·莱曼仔细记录了地震活动，包括纵波到达不同地震仪观测站的时间（莱曼当时把有关记录写在了卡片上，这些卡片被她保存在装燕麦片的盒子里）。她在应该是影区的地方发现了纵波。而如果地核完全是液态，纵波就应该会偏离影区。在1936年发表的一篇论文里，莱曼认为这些异常纵波必定偏离自液态内核里的某些较为致密的结构，从而让它们踏上进入影区的轨迹。她由此得出结论：地球必定有一个固体内核。直到1970年，科学仪器才灵敏到足以一锤定音地证明莱曼的结论准确无误。莱曼在98岁高龄发表了自己的最后一篇科技论文。她在1993年离世，享年104岁。

地球发电机

远古岩石证明地球发电机已经运作了至少35亿年。

随着地核本质被发现，有关地球基本成分甚至地球从熔融态开始的演化历程的基本理论也初具雏形。至少直到不久前科学家们都是这么看的。然而，新研究却发现地核理论有一个明显缺陷，具体而言，是有关能量从地核流动、穿越上面的地幔的方式。这个问题对地核年龄和地球磁场如何产生都提出了重要质疑，而这后一个现象——地球磁场对于地球生命的存在来说非常重要。

基于对古老岩石的放射性测年，科学家认为地球大约形成于45亿年前。随着熔融态的原始地球冷却下来，地球的最外层凝固成薄薄的地壳。地幔也随着时间推移而逐渐凝固，但下层地幔的温度仍高达2 200 ℃。至于地核，尽管它一度呈完全的液态，但也开始由内向外缓慢固化，

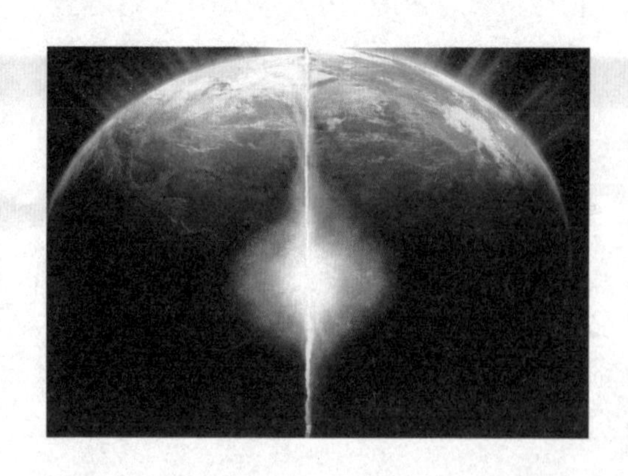

根据一些估计，其直径每年增加大约800米。铁的熔点随着压力增高而升高，随着地球降温，地心的极端高压最终会阻止那里的铁继续以液态形式存在。尽管地心温度和太阳有一拼，但是内地核还是开始了固化，并且内地核从此开始一直都在变大。而在相对低一些的压力下，外地核依然炙热并保持液态，其流动性可能有如流过你指缝的水。

由于热量的流动，从地核到地壳的地球所有各层都处在持续不断地运动中。地球内部的热量流动有两种不同的方式：对流和传导。当来自下层的热量造成上层中的物质运动时就发生对流——材料受热而上升，接着又因为降温而下落，最终又一次被加热。对流可以被理解为是一锅汤沸腾的原因。在地球内部深处，地幔中岩石材料的缓慢对流和固体内核的冷却散热导致了液态外地核中的对流。

热量也通过传导（由材料内部的分子把热量从较热区域传递到较冷区域）而穿越地球内部，此过程不会引起任何移位。继续以汤锅为例，热量通过金属锅的底部传导，锅体的金属不会运动，它们只是会传热（导热）给锅里的汤。地球内部也是这样：除了让受热材料穿越外地核和地幔的对流之外，热量也会传导给液体和固体而不会造成搅动。

科学家很久以前就已知道，在地球自转的推波助澜之下，外地核中液态铁的缓慢对流性晃动产生了地球磁场。随着熔融铁流动，它产生电流，由此形成局部磁场。这些磁场依次产生更多电流，这种效应造成了一个自我维持的周期，称为“地球发电机”。来自远古岩石的证据显示，地球发电机已经运作了至少35亿年。当岩石形成时，它们的磁性矿物质沿着地球磁场方向排列。当岩石固化后，这种定向得以保存。这种写在石头里的记录让地球物理学家得以一窥地球过去的磁场历史。

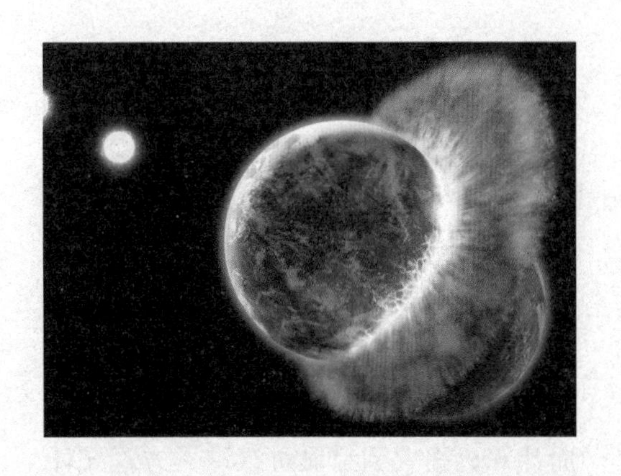

然而，科学家对“地球发电机”的了解中存在一个基本问题：它不可能以地球物理学家长期以来所相信的方式那样来运作。英国科学家几年前发现，在外地核的温度和压力条件下，由液态铁传导给地幔的热量比之前科学家想象的最大的热量都高出2~3倍。

这个发现令人困惑：如果液态铁如此高速率地传导热量给地幔，外地核中就不应该会留下足够热量来搅动它的液态铁“海洋”。换句话说，外地核中就不可能会有由热量驱动的对流。如果一锅汤能如此有效地把热量传导进周围的空气中，对流就根本不可能发生。这无疑就构成了一个大问题：正是对流在驱动“地球发电机”，没有对流就不可能有“地球发电机”。

英国科学家使用超级计算机，对

地核液态铁中的热量流动进行了第一原理计算。根据第一原理，这些科学家解决了决定铁原子状态的一系列复杂方程式。他们没有进行估计，也没有根据实验室试验来做推测，而是利用量子力学的基本法则来获得极端温度和压力条件下的铁的特性。科学家们花了好几年时间来研发用于这些方程式的数学技术，而计算机强大到足以进行这类方程式计算的地步只是最近几年的事。

"成分对流"

"成分对流"应该是驱动"地球发电机"的另一种方式。

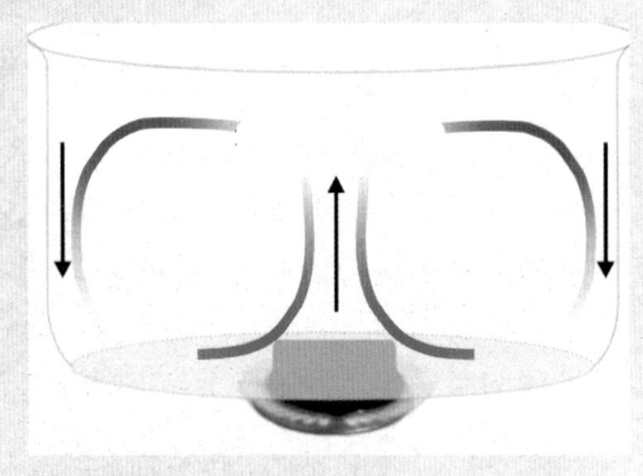

对流能搅动一锅沸腾的汤，而地球内部也有对流

上述科学家的工作于近年在《自然》上发表后被广泛认可，而在他们的第一原理计算获得了一些实验支持后更是如此。日本科学家最近发现，当少量铁的样本面对实验室高压时，显示出了与英国科学家预测结果相同的热传导特征。斯蒂文森认为，液态铁传导性的新估计值很可能会经受住时间考验，尽管这个数值最终可能会有所下调。

那么，这些新发现如何才能与地球磁场毋庸置疑的存在不矛盾呢？斯蒂文森和其他一些科学家此前提出了除了热量流动之外的第二种机制——"成分对流"，这种机制能够产生外地核中所需的对流。他们认为，虽然内地核几乎全部由纯粹的铁组成，但也可能包含微量的较轻的元素，主要是氧和硅。随着内核中的铁冷却、固化，其中一些轻质元素可能被挤出，就像海水结冰时盐会被从冰晶中挤出来一样。这些轻质元素可能会上升至液态的外地核，从而形成对流。这种所谓的"成分对流"，应该是驱动地球发电机的另一种方式。

不过，"成分对流"只能在内核形成后才能运作。在纯粹的液态内核中，轻质元素会均匀分布于整个液体，不会有成分对流。根据目前地核冷却、固化的速度，内核有可能是相对最近（或许是在过去10亿年内）才形成的。如果这种推测无误，地球发电机又何以能运作了几十亿年？或者说，难道在内核存在以前就已经有了地球发电机吗？这怎么可能？科学家现在相信，问题实际上出在地球的过去。这方面的新假设正在不断涌现。一些科学家说，过去的地球温度也许比我们想象的还要高得多。

如果年轻地球包含的热量多于现有理论能解释的数量，那么就算考虑到有关液态铁高传导性方面的新发现，也可能会剩下足够热量来驱动所需的对流。有什么能够提供这些额外的热量？最领先的解释需要比中世纪最富创意的地图绘图师更有想象力：年轻地球和其他原行星之间的碰撞迫使地幔材料闯进地核，提供热量启动地球发电机。

撞击和生命

看似不相干的多个因素联手造就可居住地球。

有关一颗火星大小的天体在大约45亿年前撞击了地球的观点，最初于20世纪70年代被提出，旨在解释月球岩石和地球岩石之间的离奇相似性。斯蒂文森及其他一些科学家相信，有关月球在烈焰中诞生的理论或许也能解释地球怎样在内核形成前保持“地球发电机”运转这个问题：来自于原始碰撞的大多数撞击能量，就如同创生月球的那次碰撞所产生的能量，可以转换成保持地球内核液态的热量。来自这些碰撞中某一次的某些残骸，最终聚合形成了月球。地球自身当时则变得非常炙热，就像一颗小小的恒星那样发光。许多科学家现在相信，这类碰撞很可能为地球设定了初始热动力条件，而地核在地质历史上一直在汲取这种热量。

如果没有大碰撞导致月球形成，就不会有对流所需的足够热量来启动地球发电机。如果没有一个保护性的磁场，太阳辐射就会穿过地球大气层，直接轰炸地表，正如火星的命运。如果没有水，地壳就可能保持坚固，从而不会分裂成几个板块。如果没有一个板块分离的地壳，太多热量就会被俘获在地球内部。有一种可能性就是，多个看似不相干的因素——月球的形成、行星磁场、水的存在和板块运动——最终联手造就地球成为一个可居住的世界。

是这些因素本来就紧密相连，还是它们只是幸运地巧合？目前并无确切答案。但科学家认为，这些联系耐人寻味。

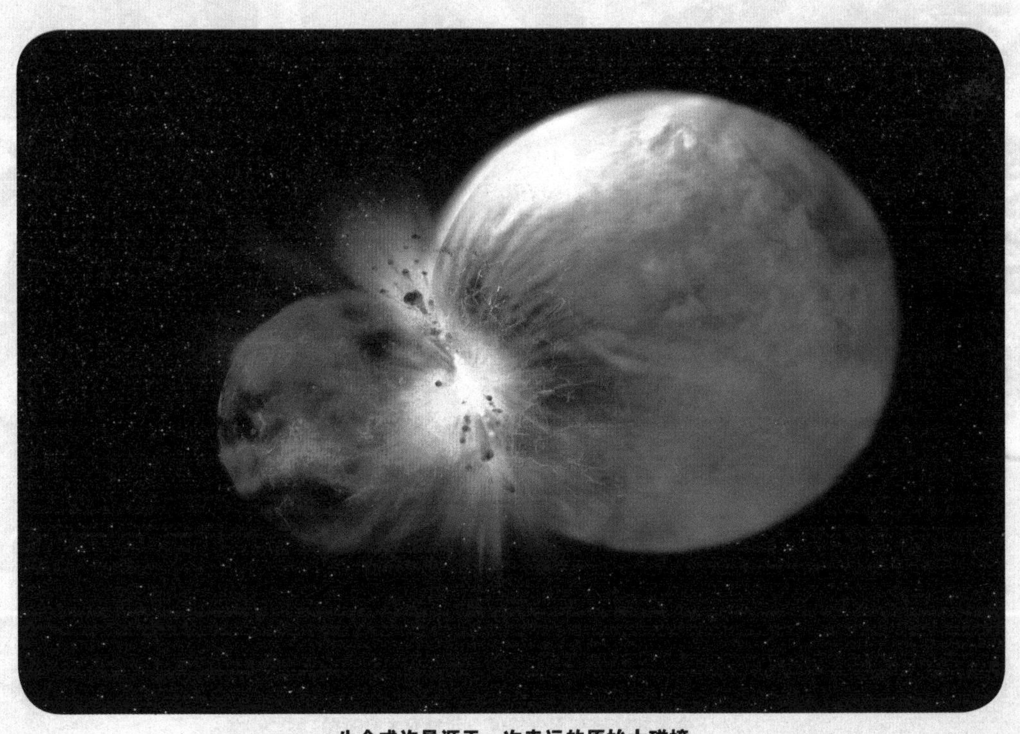

生命或许是源于一次幸运的原始大碰撞

不妨看看金星：它没有板块构造，没有水，也没有磁场。进行越多这样的比较，科学家就越倾向于相信这并非巧合。那么，地球在这方面是否真的独一无二？生命需要的是否不只是氧、水和适宜的温度？是否还需要一次幸运的原始大碰撞和一颗像月球那样的卫星，外加一个翻江倒海的内核？创生地球生命的条件——例如适合生命存在的地壳、让生命免遭险恶宇宙侵袭的全球性磁场，还有为生命提供这个磁盾、35亿年来一直在连续不断运作、由热量和铁构成的行星发电机——是否具有可重复性？

科学家至今仍不清楚太阳系究竟有多独特。他们已经很清楚的是，在宇宙中行星司空见惯。但行星的形成并不是一个具有决定性的过程，而是一个充满混沌与变数的过程，因而可能产生各种不同的结果。光是从我们所在的太阳系来看，金星和地球就迥然不同。难怪有科学家悲观地推测，生命的诞生并不是一件容易事，要想找到外星生命异常困难。

但更多科学家则并非如此悲观。他们相信，随着对环绕其他恒星的行星世界了解得越来越多，地球生命是否独特这个问题或许就会有答案。或许其中为数不多的行星世界和地球很相似，或许这样的行星多达成千上万颗。或许，其他某颗行星上的外星人也正在钻探他们所在的薄薄地壳、监测地震、构建理论、试图弄明白自己的脚底下有什么，以及思考他们的世界是否也很独特。

金星和地球有不少相似，却也有太多不同

“DIXIN ZHI LU” CONG KEHUAN DAO XIANSHI

“地心之旅”从科幻到现实

据国外媒体2012年7月报道，一项钻穿地壳、深入到地球内部的大胆计划一旦实施，不仅有可能破解有关地球的诸多奥秘，而且有望发现“地心生命”。

2008年好莱坞科幻大片《地心之旅》海报

凡尔纳笔下的“地心之旅”

1863年5月24日，一个星期日，居住在德国汉堡的林登布洛克教授匆匆忙忙地往家赶，他急于阅读他新买的一部手稿。这是一部用古代北欧文字写成的文稿，其作者可不是一般人，而是专门为统治冰岛的挪威国王撰写编年史的斯诺里·斯特卢森。林登布洛克在书中发现了一个用古代北欧文字写的密码。他试着进行破译，却发现由一串拉丁字母组成的句子让他不知所云。

沮丧之下，林登布洛克竟然做出了一个荒诞的决定：住在他家里的所有人都不准外出，而且在密码破译之前不准吃饭。幸而林登布洛克的侄子阿克塞尔很快就发现，林登布洛克译出的文字其实是正确的——只需要把它们反过来读，就是用拉丁文写的句子。阿克塞尔起初没有向林登布洛克透露这个秘密，因为他担心林登布洛克知道答案后会产生一些疯狂的念头，但在断食两天后，他饿得实在受不了，便只好说出了这个秘密。林登布洛克立即看出了这个由一名中世纪炼金师用密码写的密文：他发现了一个经由冰岛的斯奈菲尔火山前往地球中心（地心）的通道。

林登布洛克是个性情中人，他立即带着很不情愿的阿克塞尔动身前往冰岛。胆小、不喜欢冒险的阿克塞尔反复劝说林登布洛克，说自己害怕下到火山内部，而且科学理论也不支持地心之旅的可行性。然而，林登布洛克依旧我行我素。

到达雷克雅未克后，他们聘请当地猎人汉斯当向导，然后三人动身向斯

地心探索者在一个地下巨洞中发现了史前蘑菇（19世纪小说插图）

科学家认为“2012莫霍至地幔计划”的意义完全可与载人登月相比，因此将其称为“地质学上的登月”。该计划的最终钻探度为海底下面7 000米

参与“2012莫霍至地幔计划”的日本“地球号”深海钻探船现正在距离名古屋海岸200千米处的太平洋海域进行深海钻探作业，这是全球地壳相对较薄的地方，被认为是人类深入地幔的最佳通道

奈菲尔火山底部行进。6月下旬，他们抵达了火山底部。这座火山有三个火山口，而根据密文所述，前往地心的通道位于其中一座火山口，正午时分附近一座山的阴影会落在这座火山口上。但密文还说，阴影只会在6月的最后几天里才会出现。眼看时间就要过去了，天公却不作美，云太多，看不到大山的阴影。阿克塞尔窃喜，以为林登布洛克最终不得不放弃这一冒险之举。然而，太阳在6月的最后一天出来了，附近山峰投下的阴影指明了前往地心的火山口。

从火山口下降后，三人开始向地球内部进发。他们沿途看到了很多奇怪的现象，也遭遇了许多危险。一次，在错转两个弯之后，他们带去的水耗尽了，阿克塞尔眼看就要没命了，幸而汉斯在附近找到了地下水源。为了表达谢意，林登布洛克和阿克塞尔将这里命名为“汉斯之水”。还有一次，阿克塞尔与其他二人走散，独自一人走到了好几千米外。幸好，一种奇异的声响让他与其他二人联系上，他们很快就团聚了。

在下降好几千米后，沿着“汉斯之水”的走向，他们进入了一个大得难以想象的洞穴。这个巨大的地下世界被顶部的带电气体点亮。洞中有一个很深的地下海洋，四周的岩石海岸线上覆盖着石化树木和巨大的蘑菇。他们造了一艘筏子，然后扬帆海上。教授把这里命名为"林登布洛克海"。在海上，他们看见了很多史前动物，例如一头巨大的鱼龙正在与一头蛇颈龙交战。观看完这两大海魔王之战后，他们看到了一座岛，岛上有一口巨大的喷泉。林登布洛克把这座岛命名为"阿克塞尔岛"。

虽然一场雷电风暴差点将筏子摧毁，但风暴最终把他们推上了岛。在岛上，他们发现了各种各样的活的史前动植物，其中包括巨型昆虫及乳齿象。在遍布骨骸的岸上，阿克塞尔发现了一具巨人骨架。他和林登布洛克冒险进入岛上森林。林登布洛克突然以颤抖的声音对阿克塞尔说，那边一棵大树上靠着一个史前人，其身高超过3.6米，正注视着一群乳齿象。阿克塞尔不确信自己是否见到了这个巨人，并且与林登布洛克争论在地下如此深度是否可能存在原始的人类文明。三人也不知道这究竟是一个类人猿还是一个类猿人。他们决定还是不要惊动这个巨人为好，因为他可能会不友好。

三人继续探索地下海岸线，他们发现了密文中所说的前往地球中心（地心）的通道。可是，它看来被一个最近形成的洞壁挡住了。绝望于无法掘穿这花岗岩所形成的洞壁，冒险者们计划炸穿岩石。然而，他们在执行这项计划时却发现，洞壁后面根本就不是通往地心的路径，而是看似无底的深渊。

随着海浪冲进地面裂缝，三人被海水卷走。在以闪电般的速度随波逐流几个小时后，筏子进入一个巨大的、被水和岩浆灌满的火山烟囱，那里充满令人窒息的高热。在无比惊吓之中，他们感到自己被喷涌的岩浆往上推。等他们恢复意识后，发现自己已经回到了地面，在意大利的一座火山旁。

历经艰难的他们回到了汉堡并备受赞誉，可林登布洛克还是因为没有到达地心而遗憾不已。阿克塞尔和林登布洛克后来才搞清楚，他们的指南针在那场差点毁了木筏的雷电风暴中被电火球击中，因此指错了方向。

这是多么离奇的旅程啊！ 遗憾的是，它并非真实的记录，而是法国著名科幻作家儒勒·凡尔纳在1864年出版的著名科幻小说《地心游记》的梗概。凡尔纳创作这部小说的目的据说是想让读者知道在各个地质历史时期都有哪些如今早已灭绝的动植物，知道从冰河期一直到恐龙时代的世界究竟是什么样子。科学家现在已经知道，真正的地下世界与凡尔纳的描述是完全不同的。

科学家制定"新莫霍计划"

科学家对地心奥秘的探索从未停止。据国外媒体2012年7月报道，一项钻穿地壳、深入到地球内部的大胆计划——"2012莫霍至地幔计划"（以下简称"新莫霍计划"）一旦实施，不仅可能破解有关地球的诸多奥秘，而且有望发现"地心生命"。参与该计划的日本"地球号" 深海钻探船在距离名古屋海岸200千米处的太平洋海域进行深

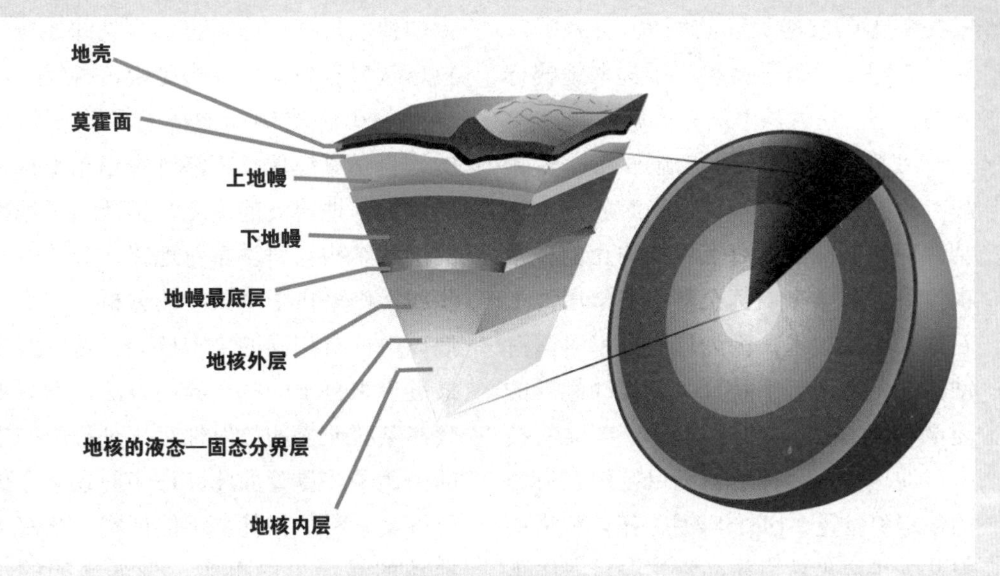

地球内部结构示意图

海钻探作业，这里是全球地壳相对较薄的地方，被认为是人类深入地幔的最佳通道。

“新莫霍计划”的最终钻探深度为海底下面7 000米，迄今还没有人如此接近过地幔。如果这项计划能够成功实施，它将改变我们对地球演化历史的认识，挑战地球科学的基本定式，甚至让我们有机会找到潜伏在地幔附近的生物——这样的生物直到最近都没有多少科学家承认它们的存在。科学家认为“新莫霍计划”的意义完全能与载人登月相比，因此将其称之为“地质学上的登月”。

当然，这也并非地质学家第一次试图探索地球内部。克罗地亚气象学家兼地质学家莫霍洛维奇早在1909年就发现，由地震引发的地震波在地下30千米以下传播得比在这个深度以上快得多，这暗示深层岩石有着不同的构造和物理特性。凭着这一发现，莫霍洛维奇奠定了自己在科学史上的地位。地震波速发生阶跃变化的地方被命名为“莫霍不连续面”，简称“莫霍面”，它标志着地幔的上界面。

后来的研究证明，地幔的上界面位于厚厚的大陆地壳表面下30~60千米，而在地壳最薄处——海底的某些地方，地幔的上界面就位于地壳下5 000米左右处。在如此深度，任何导致构造板块运动的事件，在发泄地震和火山的淫威的同时，也在重塑着我们所立足的大地，塑造着包括人在内的地球上的所有生命。

虽然科学家早已知道地幔以及它的重要性，但直到20世纪50年代晚期，科学家才开始意识到调查地幔的紧迫性。当时，板块构造论仍然颇受争议。美国地质学家哈里·赫斯和其他力主这一理论的科学家声称，地幔内的热对流驱动着地面附近的构造板块的漂浮运动。为了寻找证据，赫斯和同事沃尔特·芒克求助于在美国国家科学院的同事。1957年4月，美国多学科学会提出了提取地幔样本的计划，这就是“莫霍计划”。

“莫霍计划”的实施面临许多挑战。撇开资金问题不说，当时就连能让钻井船在汹涌的大海上保持静止的技术也没有。科学家们甚至都不能借用海上石油公司的技术，因为这些技术对深海钻探并不适用。于是，“莫霍计划”的团队研发出了一种叫作动态定位的技术，即运用多台推进器来保持船在海面的稳定和位置。1961年4月，第一枚岩心被从太平洋瓜达卢佩岛沿岸海域海底下面183米处提取上来，但这也是这次任务的终点。之后“莫霍计划”虽然任务重启，但主持该计划的科学家被迫靠边站，管理方面也换了人，费用也激增。到1966年，“莫霍计划”彻底失败。

迄至今日，人类对地球的钻探深度未超过地幔深度的1/3。最接近地幔的是到达哥斯达黎加沿岸海域海底下面1 570米深度的一个钻孔。虽然在陆地上，一些钻孔延伸到了深得多的地方，但大陆地壳远比海洋地壳厚，它们的最深钻探点距离地幔也有几十千米。

地幔的奥秘

地幔质量占到地球总质量的68%，我们对它却所知甚少。虽然已经在海洋底部发现了暴露出来的曾经的地幔岩石，但与海水的剧烈接触改变了它们的组成；虽然也获得了一些来自地幔表层的样本，但却已被污染。科学家不得不采用间接证据来拼凑有关地幔的理论，例如他们根据火山喷出的罕见的地幔结粒球状岩石猜测，地幔是由富含镁、缺少硅的矿物质例如橄榄石和辉石组成的。科学家还像莫霍洛维奇当年那样，通过追踪地震波的速度，推断出了地幔的层状结构。科学家对地幔成分的进一步线索则来自于对陨星的分析，它们与地球熔炼自相同的宇宙残骸。这些线索最近也来自于一些奇异的方法，例如观察在某些元素的放射性衰变过程中产生的中微子。尽管如此，许多问题迄今仍无答案，科学家甚至不能证实一些有关地球的最简单的事实，例如地幔的组成、形成过程和运行机制。

“新莫霍计划”的重要性不言而喻。哪怕只是得到地幔对流的微量证据，例如惰性气体和同位素，也将有助于科学家揭示地核、地幔和地壳的状况，了解地球是何时开始分化的，板块运动是何时开始的；通过辨识组成上地幔的化合物和同位素，就能揭示水、二氧化碳和能量是怎样传递给地壳，以及它们是如何影响全球地质化学周期的；而查明地幔究竟有多么“异质”，则能揭示岩浆是怎样在洋中脊上涌，然后喷到海底的。

也许你要问：科学家为什么等了如此之久才重拾“莫霍计划”？一大原因是技术难度大。为了保证能钻到海底下面7 000米，必须为“地球号”制作一个超长的钻头，而所需精度就好比用头发丝般细的钢丝，先钻到2米深的游泳池底部，然后再钻3米进入地基。这还不够，为了避免钻头发生灾难性的失灵或者被磨蚀，且能持续钻孔50小时左右，还需要超坚韧的钻头，它不仅要承受2 000个大气压和超过250℃的高温，还要在坚硬的火成岩中以每小时1米的速度工作。好消息是，2011年进行的可行性论证认为，“新莫霍计划”在技术上可行。

如果“新莫霍计划”最终获准，科学家估计在10年内就能钻进地幔。在新计划中，有三个潜在的钻探地点（全都位于太平洋海底），一个是老“莫霍计划”的实施地点，另外两个地点也都相对靠近洋中脊（新地壳的形成地点）。在这三个地点，岩浆的上涌推高了海底，使得海水浅得足以让钻头下探。这三个地方的岩石也够冷，使得钻头能安全地钻进。更重要的是，这些地方的地壳形成很快，因此应该是均质的，这使得钻探会容易一些。

寻找“地幔生命”

实施“新莫霍计划”的重要意义或许还在于：我们可能会发现地幔里也有生命，当然这样的生命不会是凡尔纳在《地心游记》中描述的史前魔兽。最近研究结果暗示，地幔存在极端生物并非不可能。2011年，在南非一座金矿的地下4 000米深度，科学家发现了身长0.5毫米、以比它微小得多的细菌为食的蛔虫。在地下5 000米深度也发现了单细胞微生物。

科学家还在加拿大东海岸海底下面1 600米深处发现了微生物，据推测它们可能已有数亿岁，每10万年才分裂一次。对许多极端生物来说，压力看来根本不是问题。在实验室里，微生物能承受1 000个大气压。在太平洋西部的马里亚纳海沟，海面下11 000米的海水中细菌欢快地生活着。事实上，压力对于极热条件下的生存来说非常重要，因为压力能阻止水沸腾（对生命来说，蒸汽是一大杀手）。

温度对于生命可能是决定因素。科学家相信，在深度刚好超过莫霍面的地方，温度会低至120 ℃，这很接近已知的生命温度上限——122 ℃。2008年，科学家发现，一种生活在海底火山喷口附近的微生物能忍受这样的高温。

当然，也有科学家认为地幔生物存在的机会渺茫，理由是地幔由于液体循环可能极少，导致养分很难流动。就算这样，探索地幔也有助于科学家查明生命的生理极限，并帮助他们研究气候变化，因为地幔附近或接近地幔的生物圈或许影响着地下深处的碳循环周期。深处的生命还可能有助于制药——如果那里的生物与地面生物的演变历史不同，它们就可能进行着独特的活动，并拥有可能对生物技术有用的独特的酶。

地幔样本或许还有助于科学家弄清楚微生物在地球演化史上的作用。最近的研究显示，地幔中的所有的氮可能都来自于有机物中的潜没氨——生命潜没进入地壳，其产物氨被拖到地下更深处。这就提出了一种可能性：最早期的地球生命改变了地幔的构成。如果真是这样，这一时期生命的样本或许还在地幔里。

科学家期待“新莫霍计划”早日实施，最终完成“地质学上的登月”。

钻探地球

自20世纪中期以来，地质学家一直在地球海洋和陆地上钻探越来越深的洞，但迄今为止这些洞都还离地幔很远。

首次尝试：“莫霍计划”

自20世纪50年代以来，美国科学家一直试图下探至地幔提取样本，他们称这个计划为“莫霍计划”。该计划在美国加州海域进行，但仅仅钻至海底下面183米就被政府叫停。

陆上最深钻孔：科拉半岛

自“莫霍计划”停摆以来，钻头到达的深度越来越深。目前世界上最深的陆地钻孔在科拉半岛，它位于俄罗斯遥远的西北地区，深入地面下12 263米。由于大陆地壳平均厚达数十千米，科拉半岛的钻头也只达到了通往地幔表层深度的大约1 / 3。

最长钻孔：库页1号

2011年，埃克森美孚石油公司声称，该公司仅用了60天就打下了世界上最深的钻孔——库页1号，其深度为12 345米。该项目的目的并非是到达地幔，而是钻探较接近地表的石油。不过，这个钻孔并非是垂直往下钻的，因而只能算是最长的钻孔。

最接近地幔的钻孔：1256D孔

最接近地幔的钻孔是1256D孔，它位于哥斯达黎加西岸，深入海底下面1 507米。它之所以离地幔最近，是因为这片海底的地壳厚度据估计仅为5 000~5 500千米，比地球上其他大多数地方的地壳都薄。不过，它并不是海洋地壳的最深钻孔。这个纪录归于位于太平洋东部的另一个钻孔——504B，它深入较厚的地壳下面2 111米。

2007年：壮志未酬

2007年3月5日，一组科学家乘坐科考船前往加勒比海与佛得角群岛（大西洋岛国）之间海域调查大西洋海底状况，地幔在这里未被地壳覆盖。这里位于海面下近3 000米，面积为数千平方千米。科学家当时想在这里提取地幔样本，但因难度大而没有下文。

新的方法：钻穿地幔

最近，科学家提出了一种探索地面下几百千米深度的新方法：一部小型、致密、发热的探测器熔化岩石高歌猛进，穿越地壳和地幔，在此过程中它的位置将通过岩石发出的声波信号来追踪。这部探测器的外层为厚约1米，呈钨球状，内部则装着钴-60作为放射性热源。计算表明，它能在不到6个月时间内到达海洋莫霍面，在几十年后钻到远远超过地下100千米的深度，到达海洋和大陆岩石圈下面。

还有科学家提出运用计算机模拟地幔演化来帮助探索地幔的想法。2009年，一部超级计算机的模拟结果提供了地幔在45亿年前形成时期的矿物质沉积物（尤其是铁同位素）的分布信息。

GUGE DIQIU

谷歌地球

2005年，英国植物学家利用“谷歌地球”，在莫桑比克北部马布山区发现了一片几乎从未有人踏足的“失落森林”。2009年，一位意大利普通IT工作者利用“谷歌地球”，在他居住的索波罗村庄附近发现了一座此前从未被人发现的古罗马庄园遗址。2009年8月，一位英国网民称自己在“谷歌地球”上发现了“尼斯湖水怪”……谷歌地球正在掀起一场革命。

"谷歌地球"带来的革命

“谷歌地球”是谷歌公司于2005年向全球推出的一款虚拟地球软件，此软件把卫星照片、航空照相和地理信息系统(GIS)布置在一个三维地球模型上，用户可以通过一个下载到自己电脑上的客户端软件，免费浏览全球各地的高清晰度卫星图片。“谷歌地球”收集了地球表面所有地方的卫星数码照片，进入“谷歌地球”，你就可以观看你的家、学校或地球上任何地方的图片。你只需在地址搜索栏里输入任何地方的经度、纬度数据，或者输入“白宫”“尼亚加拉大瀑布”这样的词汇，就可以迅速查找到你想要的卫星图像。通过“谷歌地球”，你还可以观看恒星、星座、星系、行星、月球等天体。你可以潜入海底世界去探索水下地形，如戴维森海山；你还可以登上火星，去欣赏水手峡谷和火星上的火山。走进“谷歌地球”，你会感觉自己就像徜徉在好莱坞科幻电影的场景之中。有媒体戏称：“‘谷歌地球’让我们进入了一个人人都能当间谍的时代。”

很多人都以为这么庞大的地球影像资料是谷歌公司自己的卫星所拍，其实不然，谷歌公司并没有自己的卫星，它使用的都是别人的卫星资料和航拍资料，这些资料都是在市场上购买的。由于使用不同公司的资料，“谷歌地球”所显示的图像存在“时间差”，也就是说各个地区的影像资料不是同一时间段的，有的地区的资料比较陈旧，有的地区的更新速度则较快；新闻热点地区的地图更新速度非常快，而中非和南美洲的荒芜地区的更新速度则很慢。比如在北京奥运会开幕之前，谷歌公司要求卫星公司专门动用一颗卫星，将北京、上海等奥运会重点举办城市都拍摄了下来，所以像鸟巢之类的奥运会标志性建筑都可以在谷歌地球上找到。如今卫星拍摄整个地球的速度非常快，一颗卫星在3到7天内就可以完成对整个地球的拍摄任务。当然，如果遇到多云天气，卫星看不到地面，就需要拼接一些不同时期拍摄的图片。

“谷歌地球”的功能十分强大，可以给出地球上各个隐蔽角落的特写镜头

用户可能很容易发现，在“谷歌地球”上各地的清晰度并不是完全一样的。纽约等美国城市的分辨率最高，大约为0.6米。也就是说，用户通过“谷歌地球”，可以看清楚纽

纽约帝国大厦

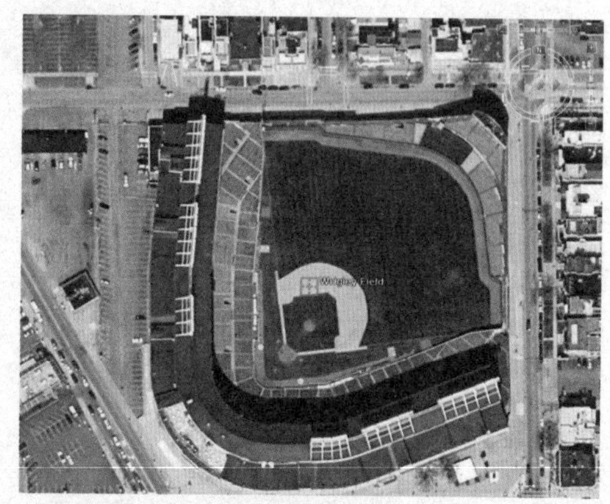

运动场

某国海军基地

“街景模式”

约地面的一张报纸大小（0.6米乘以0.6米）的物体。如果再放大，画面就变成马赛克了。让用户更为羡慕的是，纽约等大城市的卫星地图已经进入更高境界——当地的地图里已经糅合了3D技术，这一技术将高层数据与表面数据结合在一起，使用户看到的高楼大厦具有很强的立体感，让人有身临其境的感觉。如果用“谷歌地球”观看自由女神像，你可以从上看到下，从前看到后，比到那里旅游还要感觉真切。

数字地球

“谷歌地球”的一切都离不开“数字地球”的建立。所谓“数字地球”，就是将有关地球上每一点的全部信息，按地球的地理坐标加以整理，然后构成一个全球的信息模型。这样，人们就可以快速、形象、完整地了解地球上任何一点的任何方面的信息，从而实现“信息就在指尖上”的梦想。

“数字地球”是一个庞大而复杂的系统，其建立需要一系列高超的技术。

卫星遥感技术：通过大地资源卫星的遥感遥测，对整个地球进行完整扫描，将地球上任何一点的自然和人造景观都“疏而不漏”地拍摄下来。

超强计算技术：对整个地球的数据进行加工处理，并通过虚拟现实技术将其形象地表现出来。目前的超级计算机的运算水平已达每秒数万亿次，将地球数字视像化已不成问题。

巨量存储技术：要将数字地球上的所有信息都存储起来，需要存储器容量达到1 000万亿字节级。可采用分散存储的方式，把数据分散在成千上万个机构的数据库里。

高速网络技术："数字地球"上的数据分散在成千上万个数据库里，这就要求当某一个服务器要利用这些数据时，能迅速地把所要数据从四面八方调来。因此，需要用高速网络把各个节点连接起来。

"数字地球"的构建将对未来世界产生重要影响。从小的方面来说，会对人们的生活有很大的帮助，比如你要去某个城市，你可以事先通过"数字地球"查一下当地的交通、天气、住宿等情况，甚至还可以了解这一城市的街道情况。从大的方面来说，"数字地球"对全球信息产业具有重要作用，比如国防建设、生态环境和气候变化预测等。此外，学者们还可以利用"数字地球"开展学术研究，了解人类和环境之间的相互依赖关系等。

"谷歌地球"是与非

"谷歌地球"的确给我们带来了许多便利。现在如果你想去观光旅游，那么用"谷歌地球"绝对是最简单的方式。不管是拉斯维加斯、日本东京皇居或埃菲尔铁塔，都可尽收眼底。芬威球场是著名的波士顿红袜队的主场，在棒球赛赛季，人们要为站席支付20美元或为包厢支付125美元，而如果你使用"谷歌地球"，则可以免费游览芬威球场了。你还可以选择"谷歌地球"中的街景模式，无需导游就可饱览时代广场的现代风光。不过，"街景模式"自出现起就一直备

尼亚加拉瀑布

受争议，因为街景服务拍摄的图片中有进行日光浴的美女、从脱衣舞俱乐部出来的男士等，甚至包括一张西班牙马德里某男士(也可能是女士)在车背后小便的图片。

“谷歌地球”是一把双刃剑，有利也有弊。2009年2月，英国警方破获了一起离奇的盗窃案。英国南部地区的一些教堂和学校的铅质屋顶不翼而飞，被盗的铅价值约14万美元。警方在破获此案后才发现，窃贼是一名27岁的建筑工人，他利用“谷歌地球”上的卫星图片寻找该地区具有铅质屋顶的博物馆、教堂和学校——在卫星图片上，铅质屋顶的颜色比通常的屋顶颜色暗一些，然后他将这些屋顶偷走并卖给废金属收购商。他甚至在每次作案前都借助“谷歌地球”事先找好了“撤离路线”。

质疑“谷歌地球”的人还认为，“谷歌地球”严重威胁到国家安全。通过“谷歌地球”上的卫星图片，用户可以轻易地找到国家首脑机关、空军基地、航母锚地等重要目标。从理论上讲，“谷歌地球”可以提供全球范围内任何一个地点的卫星照片。一般而言，只要卫星图片的分辨率优于30米就可发现港口、基地、大型桥梁、公路或舰船等较大的目标，1~3米的分辨率就可发现雷达、军用仓库、野战阵地、指挥所等较小的目标。“谷歌地球”所提供的高清晰度卫星照片的分辨率达到0.6~1米，也就是说，你甚至可以通过“谷歌地球”找到自家的屋顶和你养的一条狗，而这几乎超过10年前军用侦察卫星的水平。“谷歌地球”提供的卫星图片精细到城市的各个街区，甚至涉及军事机密场所，因此无论是高度机密的核设施，还是常人难以涉足的军事基地，通过“谷歌地球”都可以尽收眼底。最令人不安的是，如果“谷歌地球”被恐怖分子和其他极端分子所利用，他们就可以十分方便地从“谷歌地球”上获取大量他们从其他途径难以获取的重要信息。比如，在2008年，恐怖分子试图攻击驻扎在巴士拉的联军，而他们用来定位的地图就是“谷歌地球”提供的。正因此，“谷歌地球”引来了愈来愈多谍报人员的目光，也引发了各

“谷歌地球”显示某国军事基地

国的争议。

一些国家的政府批评“谷歌地球”提供了太多细节信息，可能对某些恶意者实施危险计划有帮助，一些国家已在考虑是否对“谷歌地球”颁布禁令。

最近，还有学者认为“谷歌地球”应对气候变暖负责。一项最新研究结果表明，人们每使用一次进入“谷歌地球”网站搜索引擎，就会因消耗电力产生7克二氧化碳，而通常煮一杯茶所产生的二氧化碳约为15克。目前谷歌公司为了加快搜索处理过程，利用了多个服务器，电力消耗非常大。例如，如果在韩国输入搜索词“节能方法”，该搜索词不仅会被传到附近的日本服务器，还会被传到数千千米以外的美国服务器，这将消耗更多的电力，产生更多的二氧化碳。全球IT产业排放的二氧化碳占全球总排放量的2%，同全球航空公司的二氧化碳排放量相当。

谷歌海洋

使用“谷歌地球”的浏览海底功能，你可以“跃”入海水中，考察用3D图像模拟的海底的角落和缝隙，观看数以千计的各种海洋生物的视频和图片，了解最佳冲浪景点详细资料，翻阅真实的航海探险记录日志等。“谷歌地球”5.0版的海洋模式还特别设计了一系列

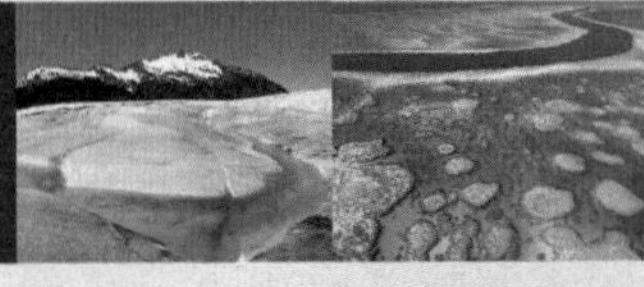

夏威夷岛　南极冰川　澳大利亚大堡礁

3D模型。你可以来一次海底三维之旅。在游览中可以看到包括泰坦尼克号、俾斯麦战舰、美国海底实验室在内的模型，以及其他的潜艇、沉船和潜水目的地等。

谷歌火星

“谷歌地球”5.0版本中还包含了一个全新的火星浏览模式，你可以登上火星进行考察。你可以用街景模式进入探测器全景，利用转动视角和放大功能看清火星上的每个细节。

你可以在3D模式下欣赏火星上的水手峡谷。水手峡谷比地球上最大的峡谷长10倍，宽7倍。你还可以轻松游

火星探测器

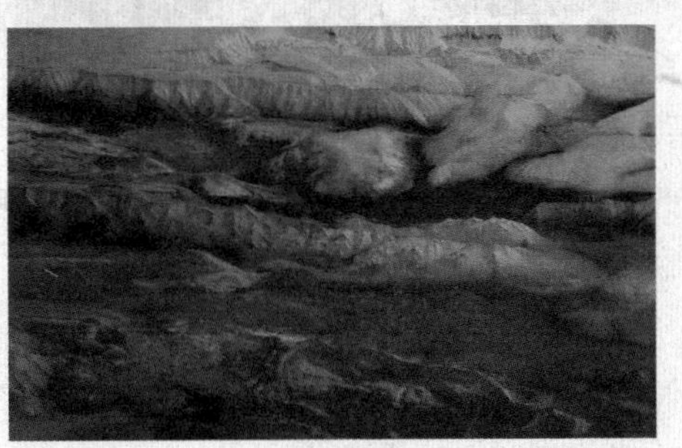

火星上的风貌

览许多著名的火星火山，如“人面山”。你还可以跟随美国宇航局的火星探测器，欣赏探测器拍摄的火星表面360°全景图片。

埃及吉萨金字塔

谷歌考古

考古学家称，“谷歌地球”掀起了一场考古革命。现在，通过“谷歌地球”强大的地球卫星图片库，考古学家可以在世界的任何地方进行“虚拟发掘”，而考古爱好者也可以自助完成前所未有的“考古发现”。

不久前，意大利一位普通IT工作者用“谷歌地球”发现了一座此前从未被人发现的古罗马庄园的地基遗址。这让考古学家感到非常吃惊，因为他们原先并不觉得“谷歌地球”会对考古研究有什么帮助。如今，在考古学家眼里，“谷歌地球”已经成为不可或缺的考古利器。当然，“谷歌地球”并不能代替实地考古发掘，鼠标也代替不了铲子、刷子等传统工具。

“谷歌地球”改变了以往从发掘前的准备到发掘后的研究的考古工作全过程。发掘前的准备工作是考古工作中的首要环节。考古学家在前往现场之前，要首先选定发掘地点，确定发掘范围。而借助“谷歌地球”，考古学家无需亲临实地就可以锁定发掘目标。

2008年3月，阿根廷考古学家宣布，他们借助“谷歌地球”发现了十多处有数百年历史的古代印第安人建筑遗迹，还在阿富汗发现了约450处距今数千年的古代遗址，包括村庄、营地、小型城堡、墓地、水库和地下水道等遗址。

2009年3月，英国考古学家借助“谷歌地球”拍摄的高清晰度卫星图片，在德韦达郡海域发现了一个1 000多年前的巨型渔栅。这个巨型渔栅长约250米，呈V字形，是科学家迄今发现的最大的人工渔栅。这种渔栅主要用于守株待兔式的捕鱼。在渔栅的顶部有一个缺口，渔民只要用渔网套住缺口就可以实现自动捕鱼。这种捕鱼方式在1 000多年前的英国相当普遍。

在“谷歌地球”的帮助下，法国考古学家在撒哈拉沙漠里发现了数百个古代石墓、石堡遗迹，以及一些史前道路，而这些都是在以前实地考察时没有被发现的。

在法国勃艮第地区，美国考古学家斯科特·马德利利用“谷歌地球”在该地区1 440平方千米范围内进行搜索，结果找到了100多处古迹，包括高卢-罗马时期的庄园和中世纪的建筑，其中有

25%属于首次发现。剩下的事情则是区分哪些是真正的古迹，哪些是假冒的古迹，这就要靠考古学家自己的眼睛了。马德利还指出了“谷歌地球”的另一个优点：“每当有所发现时，我就在卫星照片上标出其位置，发送给我的法国同行，然后我就可以和他们直接进行讨论了。这种方法为我的考古研究节省了大量时间，我再也不用为亲自到现场考察而苦等好几个月了。”

当然，利用“谷歌地球”考古也存在消极的一面，那就是，寻找考古遗址的用户并非都在做对古迹有积极意义的事情，别有用心的人也可以使用“谷歌地球”发现可能的目标。因此，有人指出，考古学家应该谨慎地公布精确的坐标。

“谷歌地球”发现“新大陆”

2005年，英国植物学家朱利安·拜利斯在通过“谷歌地球”察看卫星照片时，在莫桑比克北部马布山周围发现了一片“失落的森林”。这片森林的海拔约1 600米，由于地势险要，加上数十年不息的战乱影响，几乎从未有人踏足。拜利斯研究了更详细的卫星照片后，前往马布山探路。接着，28名来自英国、莫桑比克、马拉维、瑞士和坦桑尼亚等国的科学家开赴马布山考察。他们仅用了三周时间，就在森林里发现了数百种珍稀动植物，其中包括三种之前从未见过的蝴蝶和剧毒毒蛇。他们相信那里一定还有新物种存在。

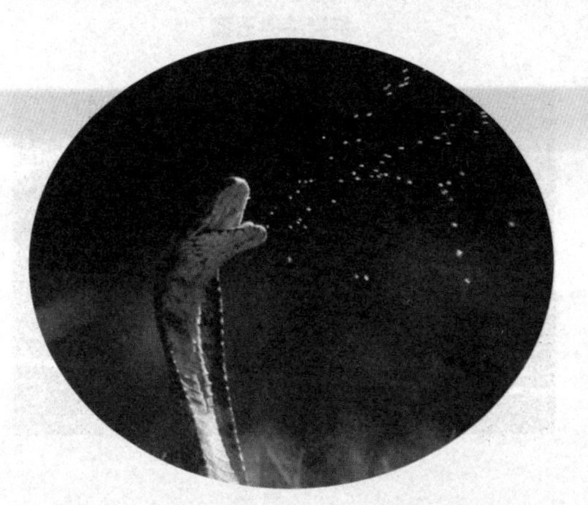

“谷歌地球”十大特殊发现

发现疑似亚特兰蒂斯古城遗址

关于亚特兰蒂斯古城的传说流传已久。曾有人认为“谷歌地球”上的一张海底图就是传说中的“沉没之城”亚特兰蒂斯的废墟。不过，谷歌公司的专家称在海底图上所看到的所谓废墟其实是海床数据采集船在数据处理过程中划过的声呐线而已。

形似火狐浏览器图标的麦田怪圈

这个出现在美国俄勒冈州的一块玉米田里的火狐麦田怪圈并非外星人的杰作，而是俄勒冈州立大学Linux操作系统用户为庆祝火狐浏览器下载量超过5 000万，于2006年而制作的面积超过418平方米的火狐浏览器的巨大图标。

麦田怪圈

奥普拉迷宫

2004年，美国亚利桑那州的一位农民在玉米地里创作了这个图案，并将它献给被誉为美国电视“脱口秀天后”主持人奥普拉，这位黑人主持人主持的节目收视率极高。

奥普拉迷宫

血湖

伊拉克萨德尔城外这个血红色的湖于2007年被发现，人们对此产生了很多令人恐怖的推测。有人说这是一家屠宰场将被屠宰牲畜的血倒入了这个湖里，也有人认为它可能来自地下道、污染物等。但至今没人对此提供一个官方解释。

血湖

秘密纳粹图案

2007年，“谷歌地球”发现，建造于1967年的美国圣地亚哥科罗拉多海军两栖部队的建筑物从空中俯瞰是一个纳粹的标志。据说美国海军为掩饰这个图形已经投入了60万美元。

秘密纳粹图案

海上失事的船只

玻利维亚货轮“SS贾西姆号”于2003年在远离苏丹海岸的温盖特暗礁搁浅，最后沉入海底。现在它是在“谷歌地球”上可以看到的最大的失事船只。

海上失事船只

泥土中的人像

从空中看，加拿大阿尔伯塔的这片荒地看起来像一个人头像，被人称作“荒地守护神”。事实上，这是经流水侵蚀周围土地形成的一个河谷。“荒地守护神”看起来好像戴着耳机，其实那是一条公路和一口油井。

泥土中的人像

UFO着陆平台

有人认为，这个拍摄自英国诺里奇附近的奇怪图案是UFO着陆平台，而英国国防部称其为摩托车训练场，但也有人认为它可能是供卫星使用的标志。

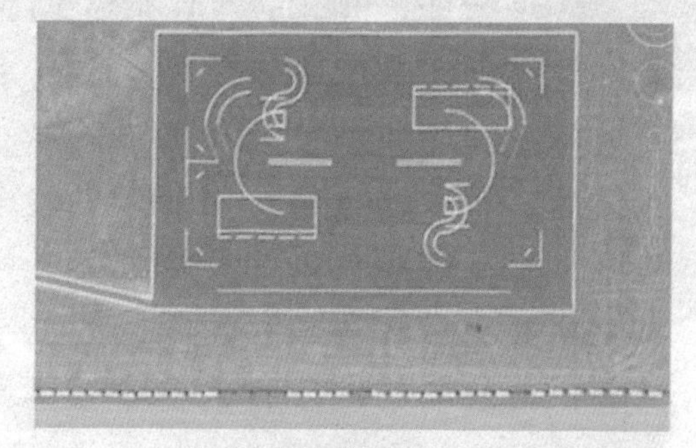

UFO着陆平台

导弹试验

这是一张正在飞行的巡航导弹的照片，是迄今为止最难拍到的物体。不过，也有人认为它只是一架飞机，因为它显然有翅膀。

导弹试验

飞机墓地

美国亚利桑那州图森郊外的戴维斯-蒙森空军基地是废旧飞机的墓地，该墓地存放有4 000多架军用飞机，其中包括B-52和隐形轰炸机，它们在这里被拆解。

飞机墓地

DIQIU JIDUAN ZHI DI

地球极端之地

试想一下，住在一个非常偏僻之地，邮件需要一年才能到一次；或者是站在世界之巅，但那里不是珠穆朗玛峰。接着往下读，你会知道这个星球上都有哪些最极端的地方。气候上、距离上、地质上和地理上的这些极端，让我们的地球在很多方面都显得独一无二、与众不同。如果你觉得生活开始变得有点无聊了，那赶快离开你的安乐窝，到这些地方去体验“极端”之魅吧！

沙漠中的巨手

智利阿塔卡马沙漠中有只巨手雕塑，位于安托法加斯塔市以南75千米的泛美公路上，这里海拔1 100米。这座巨型雕塑落成于1992年3月28日，高度为11米，底座由铁和水泥做成。它由一位智利雕塑家创作，目的是表达孤独、悲伤等情感，其如此夸张据说是为了凸显人类的脆弱与无助。事实上，阿塔卡马沙漠中不少地方的环境都非常恶劣。面对这样的极端之地，感觉脆弱与无助是很自然的。

最多风之地

《吉尼斯世界纪录大全》和第8版的美国《国家地理图志》，都正式将位于南极洲的联邦湾评为地球上最多风的地方。那些偶然出现的狂风算得了什么？在联邦湾，你才能真正感受到风的可怕。这里的风不仅强度大而且稳定，速度可达到或超过240千米每小时。

澳大利亚南极探险家道格拉斯·莫森在联邦湾湾口的丹尼森角，创建了1912年澳大利亚南极探险队的主基地。据推测，他可能是在一个罕见的无风日完成这项工作的，否则他肯定会被那里的鬼天气弄疯的。

位于美国俄勒冈州西南部的布兰科角，是北半球一处最多风的地方。布兰科角在库斯湾附近伸入太平洋，是俄勒冈州乃至整个美国的最西端。冬天，常有暴风雪横扫布兰科角，伴随大雪出现的狂风速度可达到200千米每小时。

驱车能到的最高点

中国西藏的塞莫拉公路海拔超过6 096米。走在这条路上，你会看到美丽的自然风光和一个个危险重重的山口。据说，马尔斯米克拉是地球上海拔最高的公路，但这是因为人们认为它是一条通车的公路。而事实上，塞莫拉公路也可供车辆行驶。权威人士认为，世界上可能还有其他海拔更高、更偏远的公路。但迄今为止，尚未有正式文字记录。

地球最高点

珠穆朗玛峰海拔约8 848米，是世界第一高峰。这是事实，但也不全是，关键在于观察珠穆朗玛峰的角度。从技术上讲，珠穆朗玛峰的岩石峰顶是海拔最高的地点，但由于地球不是一个完美的球体，某些较低的地方其实从空中看去反而“更高”。例如，另一座不那么出名的山峰就比珠穆朗玛峰距离月球和群星更近，那就是位于厄瓜多尔的钦博拉索山。钦博拉索山海拔刚刚超过6 096米，虽然高度不如珠穆朗玛峰，可由于地球的形状，让它实际上比珠穆朗玛峰更靠近太空。

陆地最低点

位于约旦和以色列边境的死海是陆地上的最低点，其水面平均低于海平面约420米。死海周围的道路恰恰也是世界上海拔最低的道路。死海因其咸度而闻名（其咸度是地中海海水的10倍），被誉为健康疗养的首选之地。由于含盐量极高，没有任何生命能在其中生存，死海也因此得名。

最偏僻的人居岛屿

位于南大西洋的特里斯坦·达库尼亚岛是世界上最偏僻的有人居住的群岛，它距离最近的大陆也有3 218千米。该群岛面积狭小，小到其主岛上连一条飞机跑道都没有。岛上一共居住着272人，仅八个姓氏。这些岛民都受到遗传性疾病（如哮喘和青光眼）的困扰。特里斯坦·达库尼亚岛在19世纪成为英国的附属地，岛上全都用英国的邮政编码。岛民可以通过网络购买商品，不过要等很久才能收到，谁让他们把家安在这么远的地方呢。

海洋最深处

位于太平洋关岛附近的马里亚纳海沟是地球海洋最深的地方，其深度竟然达到11.27千米。如果将珠穆朗玛峰放入马里亚纳海沟，其峰顶到海面的距离将超过2.42千米。马里亚纳海沟底部的压强是海面的1 000多倍。1960年，美国海军派遣两名军官乘坐“特里亚斯”号潜水器，来到马里亚纳海沟的底部。他们发现这里居然还生活着鱼虾等生物。

最干燥之地

即便在最好的情况下，位于智利的阿塔卡马沙漠也不会迎来太多降雨，而在最坏的情况下（也是大多数情况下），它一丁点儿雨都得不到。据记录，智利西北部城市阿里卡在1903年10月至1918年1月这段时间内，没有任何降雨。这创造了无降雨时间最长的世界纪录。阿塔卡马沙漠部分地区的照片，很容易让人联想到火星——这颗星球上的无雨状态是再正常不过的了。

不少人认为美国的死亡谷才是最热、最低和最干的地方。死亡谷所在的莫哈韦沙漠的确是个又热又干的地方，但位于加利福尼亚州的巴格达镇（请注意，这个名字没有错）才是美国历史上干旱时间最长的纪录保持者。从1912年10月3日至1914年11月8日，长达767天的干旱时间让“巴格达”这个名字名副其实。那个时候的巴格达镇恐怕根本就没有过大雪纷飞的“白色圣诞节”，但它现在是肯定不会有了——1991年以来，这里已沦为一座了无人烟的“鬼城”。

最多雪之地

地球上的极端多雪情况往往发生在这样的地区，即在高山作用下，富含水汽的空气团向上移动，在移动过程中空气中的水分子遇冷并低于凝结点，最终形成降雪。有时候，异常的大雪也会出现在一些人们意想不到的地方。1927年2月14日，研究人员对日本伊吹山的年降雪量进行了测量，测量结果为11.82米。但是，位于美国太平洋西北海岸地区的喀斯喀特山脉，才是降雪量最多的纪录保持者。

在1971—1972年冬季，位于这条山脉上的华盛顿州瑞尼尔山的降雪量达到28.5米，创了纪录。这一纪录在20多年后，被它附近的贝克山打破。1998—1999年冬季，这座山上滑雪场的降雪量达到28.96米。大家都觉得，在那个冬天，这里的滑雪场都可以不用造雪机了。

除了滑雪爱好者外，高山降雪几乎不会给其他任何人带来麻烦，但是强降雪却可以让城市在几天甚至几周内陷入瘫痪。

最古老之地

位于格陵兰、南非和澳大利亚的古老岩石都有资格争夺地球最古老岩石的头衔。但位于加拿大北部的努夫亚吉图克绿石带，似乎才有资格戴上“最古老”的桂冠。

绿石带的岩石年代可追溯到42.8亿年前的冥古宙。这一时期的地球如同地狱，地壳刚刚开始冷却，陨石和彗星如雨点般从天而降。据估计，一颗火星大小、名为“忒伊亚”的原行星曾在绿石带形成的数亿年前撞击地球。这次撞击不但增加了地球的体积，同时也形成了月球。

地球上最古老的岩石也许是一块月石。在执行“阿波罗15号”任务期间，宇航员在月球表面采集到了一块所谓的“创世岩”。它约有45亿年历史，可能是月球形成之初月壳的一小部分。

最多雨之地

人们普遍认为世界上最多雨的地方是哥伦比亚与巴拿马接壤的哥伦比亚乔科省。那么，乔科省到底有多湿呢？1974年，乔科省图图纳多市的年降雨量令人震惊地达到了26 303毫米。一般来说，图图纳多市的年均降雨量为11 770毫米，其中2/3的降雨发生在晚上。

夏威夷考艾岛的怀厄莱莱山是地球上年均降雨天数最多的地方，年降雨天数最多可达350天。如果你打算去夏威夷享受“阳光灿烂”的假期，千万记住考艾岛的怀厄莱莱山几乎天天下雨哟！

最厚冰层

在南极洲，相当于墨西哥国土大小的本特利冰下沟谷拥有极厚的冰层，其厚度达2 555米。它是没有被海洋覆盖的地球表面最低点。但是，地球的最低点仍是死海，因为从技术角度讲，死海是在陆地上，而本特利冰下沟谷则是被水（或者说是冰）覆盖着的。不知冰沟的模样会不会与地上的沟壑相似？

最热之地

位于美国加州东部莫哈韦沙漠中的死亡谷之酷热是出了名的，但在正式的记录中，位于利比亚的埃尔阿兹兹亚比死亡谷更热。在1922年，这里的最高温度达到过57.8 ℃，而死亡谷记录在案的最高温度为56.7 ℃。死亡谷都这么热了，而埃尔阿兹兹亚的温度还要高出1 ℃以上，叫人怎么受得了呀！

最偏僻岛屿

前面提到过特里斯坦·达库尼亚群岛是地球上最偏僻的有人居住的岛屿。尽管这座岛屿很偏僻，但另一座无人岛才称得上是真正的最偏僻的岛。布维岛是南大西洋里的一座小岛，奇怪的是，它却处在挪威的统治之下。位于它以南约1 600千米的南极洲的毛德皇后地，是离它最近的陆地；距其约2 260千米的特里斯坦·达库尼亚群岛，是离它最近的有人居住的岛；位于其东北方向约2 580千米的南非，是离它最近的有人居住的大陆。

这里有一些关于布维岛的趣闻：它是2004年拍摄的电影《异形大战铁血战士》的外景所在地，除此之外，它还有互联网国家代码顶级域名：BV。

布维岛的93%被冰川覆盖，这些冰川经常滑落到冰冷的南大洋里。这座小岛的面积只有约49平方千米。除了生长在地表小块岩层上的苔藓和地衣外，这里没有任何植被。布维岛在1979年一度声名鹊起，当时一颗美国间谍卫星在该岛附近检测到双闪灯光信号，虽然没有得到任何官方的核实，但很多人认为，这是以色列和南非联合进行核试验的信号灯。

最难抵达之地

所谓“难抵极”，是指大陆上的某个点，从这个点到任一海洋、任一方向的距离都是最远。北美洲的难抵极位于美国南达科他州。难抵极也分很多个等级，其中最难抵达的都位于寒冷的南极荒原。

1958年，苏联在南极的难抵极建立了基地，但随后该基地很快就被废弃。在离开该基地之前，苏联考察队在这里安装了一个列宁的金色半身雕像（其实是覆金塑料雕像）。它俯瞰着这个冰雪平原，并向世人宣示着苏联在全球的势力范围。这尊雕像的眼睛朝着莫斯科方向深情眺望。雕像底座下面是一间小屋，多年来的积雪几乎将它彻底湮没。小屋里面放着一本方便游客签字的留言簿，但它多半会很薄，因为能到达这个地方的人实在少之又少。

垂直落差最大之地

索尔山位于加拿大努纳武特省巴芬岛的奥伊特克国家公园，它的垂直落差达到1 250米。索尔山是加拿大最著名的山峰，由纯花岗岩构成，是探险者和爬山爱好者的最爱。近年来，这里又开始流行绳索垂降探险，仅在2006年发生过一起意外死亡事件。

最冷最潮湿之地

南极洲本身就是一片极端的土地。南极洲至今全年无人居住，就是因为太过寒冷。1983年，科学家记录到的南极洲极低气温为-89.4 ℃。南极还是地球上最潮湿的地方，同时也是最干燥的地方。说它最潮湿并非是因为降雨多，而是由于南极大陆98%的地区都被冰层覆盖，技术上来讲，它是很潮湿的。然而，由于南极洲是地球上最冷的地方，降水极少，每年不足5厘米，这使得南极大陆成了一个“沙漠”。一个酷寒的“沙漠”上面布满全是冰川的沟谷，南极真是集三种极端于一身啊！

最平之地

玻利维亚的乌尤尼盐沼是由几个史前湖泊构成的。这些湖泊融合在一起，最终干涸，形成一个约1米厚、面积超过10 582平方千米的广阔盐沼，它的面积是美国犹他州巴纳维亚盐带平地的25倍。

在组成乌尤尼盐沼的各种类型的盐中浓缩着一些罕见元素，其中包括非常重要的金属元素——锂，这里的锂储备量占全球锂总量的70%。虽然在大部分时间里乌尤尼盐沼都是干涸的、了无生机的，但每年11月它就会“起死回生”。南半球夏季的雨水会引来大群粉红色的火烈鸟，它们以红色水藻和盐水虾为食。在这段时间里，乌尤尼盐沼变得更加平坦，事实上它变成了一面大镜子，人造卫星都可以利用它来校准测距。

最深洞穴

位于格鲁吉亚阿布哈兹共和国的乌鸦洞深入阿拉贝卡岩层大约2 190米，这个石灰岩岩层的形成年代可回溯到恐龙时代。1960年人们发现了该洞，并且用俄罗斯地理学家亚历山大·克鲁格的名字为它命名。这个洞穴比奥地利兰普雷希茨索芬洞穴还深，是世界上最深的洞穴，也是目前已知深度超过2 000米的唯一洞穴。

乌鸦洞能获此殊荣，完全归功于乌克兰洞穴学协会。该协会为乌鸦洞和其众多附洞建立了一系列的深度记录。从20世纪80年代初开始，乌克兰洞穴学协会就一直坚持谨慎地清理该洞穴的堵塞物，并拓宽较为狭窄的地方，以便洞穴探险家进到这些交汇贯通的洞穴的更深处。目前的深度记录是2 191米，这是2007年秋天获得的数据，不过该协会每年都会对乌鸦洞洞穴系统进行一次“山体年度探索”，这些数字也许还会发生变化。

TANMI HUOSHAN NEIBU

探秘火山内部

2012年7月25日，国际媒体公布了一组“不怕死”的科学家和摄影师前往意大利埃特纳火山和刚果民主共和国尼拉贡戈火山的熔岩湖现场拍摄的照片。2012年7月30日，国际媒体又公布了摄影师下降到冰岛一座休眠火山内部拍摄的照片。这些惊人的照片再度引发了人们对火山的关注。

隐秘的岩浆房

从外面看，早已休眠的冰岛斯瑞努卡基古火山惊人地美丽。然而，一名摩尔多瓦摄影师不久前冒险进入这座火山的岩浆房内部，当他从火山口下降120米到达岩浆房底部时，阳光正好从岩浆房顶部（那里是爆发性岩浆的出口）投射进来，让他看清楚了岩浆房壁的色彩——这些由岩浆泡、烫、熏出来的颜色，令他不难想象这座火山当初爆发时有多么恐怖。

何谓岩浆房？岩浆房是发现于地球表面下的、由熔化的岩石（即岩浆）集合体组成的巨大“房间”。岩浆在岩浆房中承受着巨大压力，经过足够的时间后，这种压力会逐渐撕裂周围的岩石，为岩浆提供出口。如果岩浆找到了一条到达地面的路径，其结果就是火山爆发，因此许多火山正是坐落在岩浆房上面的。岩浆房很难被探测到，已知的岩浆房大多数都接近地表，在地下的深度一般都在1 000～10 000米之间。从地质学角度来说，这只能算相当浅。

由于岩浆的密度低于周围的岩石，所以它能从地壳下面穿越裂缝上升到地面。但是，如果岩浆找不到向上的路径，它就会聚集成一个岩浆房。之后，随着更多的岩浆不断地从下面升上来，岩浆房中的压力逐渐增大。当岩浆在岩浆房中呆得足够久时，其中的低密度组分就上升到顶部，高密度组分则下沉到底部，于是岩浆就分层了。而当岩浆的温度降低时（尤其是在靠近岩浆房壁的地方，那里的温度较低），熔点较高的岩浆组分例如橄榄石会结晶出来，并下沉到岩浆房底部。所以，有时火山喷发产生的沉积物是明显分层的。例如，公元79年维苏威火山大爆发，其沉积物中就包含来自于岩浆房上部的厚厚的白色浮石层和来自于岩浆房较低层的灰色浮石层。

岩浆房降温的另一个效果，是使正在固化的晶体释放其中的气体（当这些晶体还是液态时溶解于其中的），主要是水蒸气，这也会导致岩浆房中的压力上升，最终有可能上升到足以引起火山喷发的程度。此外，在熔点较低的组分被移走后，由于硅酸盐浓度增高，岩浆会变得更加黏稠。这样一来，岩浆房中的成层作用就可能导致岩浆房顶部岩浆中的气体量增加，让岩浆变得更黏。相对于没有分层的岩浆房来说，分层的岩浆房所产生的爆发力度更大。

如果岩浆在火山喷发时没有被喷到地表，它就会在较深处缓慢降温并结晶，形成由花岗岩或辉长岩组成的火成岩侵入体。通常，一座火山可能有一个位于地面下许多千米的深层岩浆房，它为接近顶峰的浅层岩浆房供给岩浆。运用地震仪或许能确定岩浆房的位置，原理是地震波在岩浆中的传播速度比在固体中慢。随着火山喷发，岩浆房变空，周围的岩石就会坍塌下来。如果大量岩浆被喷发掉，导致岩浆房体积严重变小，就可能导致地面凹陷而形成破火山口。这就是隐藏在火山内部的岩浆房的秘密。

斯瑞努卡基古火山的上一次，也是迄今最后一次喷发发生在4 000多年前，但火山专家认为这个“魔兽”随时都可能“复活”。当然，如果不担心斯瑞努卡基古火山会立即苏醒，你可以参加当地人组织的每年夏季的火山旅游。要知道，儒勒·凡尔纳的科幻名作《地心游记》正是他在造访冰岛的火山后生发灵感而创作出来的。

岩浆房壁上的色彩令人想起火山当初爆发时的恐怖——这样的颜色是由岩浆泡、烫、熏出来的

斯瑞努卡基古火山外景

探索斯瑞努卡基古火山的岩浆房，目前看来是安全的

沸腾的火山口

岩浆房在火山内部深藏不露，而在火山口，却常常可以看到沸腾的熔岩湖。所谓熔岩湖，是指由地球内部溢出的熔岩在火山口或破火山口洼地内长期保持液态而形成的湖。由于结晶缓慢，岩石结晶程度很高，可达全晶质。熔岩湖下部与火山通道相连。熔岩湖的面积一般不大。

火山学家在熔岩旁边测试隔热服

摄影师近距离对准正在喷发的埃特纳火山拍照

地球上目前只有5个长期存在的熔岩湖，分别位于非洲埃塞俄比亚的尔塔阿雷火山、南极洲的埃里伯斯火山、夏威夷的基拉韦厄火山、刚果民主共和国的尼拉贡戈火山，以及瓦努阿图的安布里姆岛火山。其中，最大的熔岩湖当属尼拉贡戈火山口中的熔岩湖。这座火山位于刚果民主共和国的维龙加国家公园内，主要火山口直径约2 000米。当非洲板块的两部分分裂时，地壳中的裂谷作用产生了尼拉贡戈火山。尼拉贡戈火山与两座较古老的火山部分叠加，周围还被数百个小火山锥环绕。尼拉贡戈火山和附近的尼亚穆拉吉拉火山加起来，爆发次数占到整个非洲有史以来爆发次数的40%。

科学家尚不清楚尼拉贡戈火山是从何时开始喷发的，但自1882年以来记录到的它的喷发次数至少有34次，其中一些时期，火山活动一次就持续几年，经常表现为其火山口的熔岩湖中出现翻滚。

从1894年到1977年，一个熔岩湖一直在尼拉贡戈火山的火山口中活跃着。到1977年1月10日，火山口壁突然发生断裂，熔岩湖在1小时内就流干了。高速运动的熔岩流冲下山，将沿途一些村庄夷为平地，至少70人遇难。大多数火山熔岩流的速度都很缓慢，很少危及人的生命，但尼拉贡戈火山的熔岩流却能以最高达每小时100千米的速度一冲而下，这是因为尼拉贡戈火山的熔岩是铁镁质的，硅含量低。尼拉贡戈火山是陡坡火山，而且它靠近人口稠密地区，这也是它造成严重自然灾害的原因。

从1982年到1994年，熔岩湖在尼拉贡戈火山口重新形成。到2002年1月17日，在地震活动和喷气孔活动多个月持续增加后，尼拉贡戈火山再度喷发。几小时内火山南侧就形成一道13千米长的裂缝，从海拔2 800米延伸到海拔1 550米。200~1 000米宽、最深达2米的熔岩流一直抵达基伍湖边的戈马市郊外，40万市民此前得到警告逃离。熔岩最终覆盖了戈马国际机场的跑道北端，还涌入基伍湖。

此次火山爆发造成至少150人死于火山气体引发的窒息，戈马市大量建筑物被损毁，12万人流离失所。这次火山爆发是现代史上最具破坏性的溢流喷发。

尼拉贡戈火山在2002年喷发后6个月再度喷发，形成如今在火山口可见的约深20米、宽200米的一个熔岩湖。此外，在其附近现在又形成了第二个熔岩湖，该湖位于1994年那个熔岩湖下方约250米。

尼拉贡戈火山的熔岩湖

左侧的尼亚穆拉吉火山和右侧的尼拉贡戈火山

致命的喷发

不时兴风作浪的尼拉贡戈火山从构造上来说是一座成层火山。何谓成层火山？成层火山也称复式火山，是由许多层硬化的熔岩、火山灰、浮石组成的高大的锥形火山，外观美丽、对称。成层火山是地球上分布最广的一类火山，除尼拉贡戈火山外，地球上的许多著名火山如日本的富士山、菲律宾的皮纳图博火山、意大利的埃特纳火山和维苏威火山等都属此类。与盾状火山不同，成层火山的喷发呈周期性，既可以有高强度爆发也可以有比较平静的发作。

1991年6月15日，皮纳图博火山在休眠了600年后大爆发，喷出的火山灰云直达40千米高空，产生的巨量火山灰流和泥流重创火山周围地区。这次爆发的影响是全球性的，由火山气体形成的浮质散布到全球，其中总量约为2 200万吨的二氧化硫与水结合形成硫酸液滴，阻止了一部分阳光到达对流层和地面，导致全球范围出现小幅降温，一些地区的降温幅度被认为多达0.5 ℃。火山爆发后，全球各地的日出和日落都变得更加明亮，这是因为火山微粒进入了高高的同温层。

公元79年维苏威火山大爆发，导致10 000～25 000人身亡。与此相似但爆发力度强得多、灾难性也大得多的1815年的印尼坦博拉火山大爆发，被确定为有史以来最强烈的火山爆发。它的火山灰云导致全球平均降温3.5 ℃。爆发后第二年，北半球大部分地区夏季大降温。在欧洲部分地区和北美洲，1816年被称作“无夏之年”，这些地区这一年发生了持续时间不长但严重的饥荒。

自1600年以来，全世界有近30万人被火山爆发夺去生命，其中大多数死亡是由火山灰流和泥流导致的，而这两大威胁常常都与成层火山的爆发性喷发相生相伴。火山灰流是炙热的火山灰烬和火山气体的混合物，形似雪崩，每小时贴地穿行距离超过160千米。1902年，加勒比海马提尼克岛上的佩雷火山大爆发，火山灰流最终夺去了30 000人的性命。1982年3—4月，墨西哥恰帕斯一座火山连续三次大爆发，酿成该国历史上最大的火山灾难——火山周围8 000米范围内的村庄被火山灰流破坏殆尽，超过2 000人遇难。

富士山

泥流是火山灰与水的混合物，既可以像汤、像洪流，也可以像混凝土，力度和速度足以摧毁其所经之处的任何东西。1985年，哥伦比亚内瓦多德尔鲁伊斯火山爆发，其产生的炙热火山灰流融化了位于安第斯山上5 390米高度的冰雪，形成的泥流掩埋了火山周围几个城镇，据说多达25 000人遇难。

皮纳图博火山1991年爆发场景

值得一提的还有火山弹，即成层火山在爆发的巅峰阶段喷出的火成岩。火山弹的大小从一本书到一辆小汽车的大小不等，“射程”可达20千米，空中飞行速度可达数百千米每小时，对人和建筑物构成威胁。火山弹落地后并不会爆炸，但火山弹携带的力量很大，其破坏效果就好比是发生了爆炸。

暗藏杀机的火山湖

前面说了， 2002年1月17日，尼拉贡戈火山喷发，形成的巨大熔岩流一泻而下，直达基伍湖边，引起了当地人不小的恐慌——熔岩有可能导致气体从湖底上升至表面，从而释放出致命数量的

维苏威火山

二氧化碳和甲烷气体。人们的担忧并非杞人忧天，因为在1986年，喀麦隆的尼奥斯湖就发生过这样的灾难。

尼奥斯湖是喀麦隆西北部的一座深水火山湖，位于一座活火山的侧翼，由一圈天然的火山大坝围成。在尼奥斯湖湖底下面有一个岩浆房，它不断地把二氧化碳气体释放到湖水里，把湖水都变成了碳酸。1986年8月21日，可能是由于一次山体滑坡打破了湖底的脆弱平衡，尼奥斯湖突然释放出一朵巨大的二氧化碳云，导致附近村庄和城镇的1 700人及3 500头牲畜窒息身亡。这是人类有史以来第一次由自然事件引发的大规模窒息。

为防止悲剧重演，科学家于2001年在尼奥斯湖中安装了一根二氧化碳排气管。但尼奥斯湖的隐患至今仍未消除，一个主要原因是湖壁一直在弱化，一场地震就可能导致湖壁坍塌，湖水下泄，释放大量二氧化碳。

像尼奥斯湖这样的杀人火山湖还有喀麦隆的莫瑙恩湖。

1984年8月15日晚10时30分左右，莫瑙恩湖上空响起一声巨响，人们随即看到一朵气云从湖东一个火山口升起。莫瑙恩湖位于一个火山区中心附近，该火山区内至少有34个火山口。但事后的调查发现，这次事件并非源自火山爆发或湖中火山气体的突然喷射，也不是什么恐怖事件，而是由于湖水释放了大量的二氧化碳所致。

这次事件共造成37人死亡，死亡时间为16日凌晨3时至破晓。死者中包括同乘一辆卡车的12人。当时卡车因发动机故障抛锚，车上的人大多下车，然后死亡，而坐在车顶未下车的两人则幸存，原因是他们的位置够高——二氧化碳比空气重，会呆在接近地面的高度。

为防止悲剧重演，科学家于2003年在莫瑙恩湖中安装了一根排气管。但2005年的一项研究结果表明，二氧化碳的释放速度不能确保未来不会发生同样的灾难。科学家建议，放低排气管的位置，同时增加一根排气管，以释放更多的二氧化碳。

人们唯恐尼奥斯湖和莫瑙恩湖的悲剧在基伍湖重演。值得庆幸的是，灾难最终并未发生。目前，火山学家仍在密切观察基伍湖的动向。

被二氧化碳窒息而死的牛

依然潜藏杀机的尼奥斯湖

TANSUO DIQIU SHANG DE WAIXING SHIJIE

探索地球上的外星世界

在地球上寻找其他星球上生命存在的线索……

克里斯·麦凯非常喜欢到世界各地旅行考察，特别是一些偏远而奇特的地方。在过去三十多年里，他的探险经历可谓丰富多彩：在3米厚冰层下的南极冰下湖里畅游，在西伯利亚永冻带忍受如乌云般遮天蔽地的蚊群的袭击，在极北之地随时准备抵御北极熊的袭击，钻进离地球表面300多米的美国最深洞穴的狭窄缝隙中……不过，麦凯可不是为了寻求刺激而周游世界。作为一位天体生物学家，他的探险活动只有一个明确的目标：在地球上寻找与火星和其他遥远星球相类似的生命生存环境，以研究地球之外生命的可能生存方式。

麦凯完全是在偶然中找到自己一生追求的事业的。他在读大学时主修的是物理学，有一次他在实验室的橱柜中发现了一架旧望远镜。他用它观察恒星和行星，渐渐地便对太空产生了兴趣，他甚至还制作了真正属于自己的太空望远镜。

克里斯·麦凯

1976年，麦凯进入科罗拉多大学的天体物理研究所。正是这一年，美国宇航局发射的“海盗1号”和“海盗2号”飞船登陆器登上了火星表面，但最终没能找到生命存在的证据。这令麦凯困惑不已：火星大气层中有着支持生命生存的各种成分，火星上也留有在遥远过去有水存在的痕迹，可为什么就没有生命存在呢？用他的话来说：“火星就好像是一间亮着灯光，却一直没人居住的房间。”

那么，支持生命存在的最低极限条件究竟是什么呢？在之后的35年里，探索热情驱使着麦凯去寻找这个问题的答案。

1980年，麦凯在美国宇航局的艾姆斯中心实习时，遇见了生物学家伊姆尔·弗里德曼，后者正在为一项南极探险任务寻找合适人选。南极大陆98%的地方都覆盖着冰层，被认为是生命的禁区。然而，弗里德曼却在南极洲的干谷（在低湿度、独特地形和强劲寒风的综合因素影响下，这片土地上没有冰的存在）多孔岩石的表面之下，发现了一个庞大的微生物生态系统。

麦凯签约接受了这份工作，而这次南极洲之行使他第一次接触到类火星环境，他的人生之路也因此改变。他说：“我走上了一条完全不同的人生道路——探索极端环境中的生命形式。”

1982年，麦凯获得博士学位，并受聘进入艾姆斯中心。他开始奔走在世界各地，包括多次往返于南极干谷，对那里的微生物生态系统进行探索。

2013年1月，麦凯和他的同事们再

次来到南极干谷，在那里的冰层上进行钻孔测试，为提议中的美国宇航局的“破冰船”任务做准备，如果该项目获得批准，将在火星北部坚冰覆盖的地面上进行钻探。

伦盖伊火山

麦凯相信，人类最终需要踏上火星，原因是我们不能将火星探索活动完全交给机器人。他坚持认为，野外科学探索最好由熟练人员亲力亲为，结合他们的知识、经验和直觉，能够对所看到的现象有更深刻的理解。他说：“我不能肯定在我有生之年是否能看到人类登陆火星，但我知道，我们最终一定会到达那里。我希望为实现这一目标在某些方面有所贡献。”

麦凯的研究让他不用离开地球就能体验与火星等地外星球相类似的奇特生态环境。下面介绍的是他从科学考察价值和自然美景两个角度挑选出的“模拟火星世界的七大奇迹之地”。

伦盖伊火山

从远处看，坦桑尼亚境内的伦盖伊火山是一座经典的锥形火山，但实际上，伦盖伊火山是世界上唯一喷出火成岩岩浆的活火山。火成岩岩浆的主要成分是碳酸盐矿物质，而玄武岩岩浆的主要成分是二氧化硅。在世界已知种类的岩浆中，火成岩岩浆的黏稠度是最低的，因此它们的流动速度极快。

对伦盖伊火山及其独特岩浆的研究可以帮助科学家解决一个与金星环境有关的未解奥秘。金星上矗立着1 000多座火山，金星表面覆盖着200多道纵横交错的流着熔岩的“河流”，其中最长的达6 760千米，超过了地球上的尼罗河，为太阳系之最。要形成这样奇特的地貌，熔岩必须拥有能够长距离流动的流度。地质学家由此推断：金星火山喷出的可能也是碳酸盐岩岩浆，就像地球上最古怪的火山——伦盖伊火山一样。

纳米比沙漠

位于非洲南部的纳米比沙漠，是世界上的多雾沙漠之一。在那里，沙漠里蒸腾的雾气是其西部地区湿润空气的主要来源。麦凯在2012年到纳米比沙漠考察时，发现多雾西部地区的微生物群落并不逊于有着少量雨水的沙漠东部地区。对于研究外星生命有所启示的是：火星沙漠上没有降雨，但是有雾。当然，火星比纳米比沙漠寒冷得多，因此两者不能完全相提并论。麦凯说："我考察过的其他许多极端环境都是这样，它们与火星环境有着相似之处，但并不是完全相似。这也正是我们需要对许多不同的极端环境进行探索研究的原因。"

雾对于维持微生物生存所起的作用吸引麦凯来到了非洲南部的这片沙漠之中。纳米比沙漠除了多雾之外，还有其他一些特点。比如，它拥有世界上最高的沙丘，最高可达304米。这些纵向沙丘是在不同季节、不同风向的风的作用下形成的。正因为这些特点，它们与土星的卫星——土卫六上的沙丘十分相似。

土卫六上的沙丘可以称得上是沙丘中的巨无霸，沙丘覆盖了土卫六表面大约13%的区域，总覆盖面积达1 036万平方千米。有的沙丘一直绵延数百千米。

根据科学家对纳米比沙漠沙丘形成原因的了解，土卫六上的纵向沙丘也许可以提供关于这颗土星卫星的一些线索，例如风的循环模式等。或许有一天，科学家可以利用这些知识来预测土卫六上的气候。

阿塔卡马沙漠

液体的水是生命存在不可缺少的条件，至少对于我们所了解的生命形式来说是这样。麦凯和他的同事在智利的阿塔卡马沙漠里发现了一片寸草不生的极为干旱的地区。他们在这里建起了一个气象站。这里的环境十分恶劣，鲜有人涉足，所以麦凯和他的同事们丝毫都不担心气象站的那些仪器设备会被人偷走。

拥有超大型望远镜的欧洲南方天文台是世界上最重要的天文台之一，它也建在阿塔卡马沙漠中，离麦凯的研究地只有80千米。假如麦凯当年以常规方式选择自己的事业，此时他或许就身处超大型望远镜所在地，而不是在距离它80千米的沙漠中寻觅生命存在的线索。维克多·雨果曾说："望远镜力所不逮之处，即是显微镜大显身手之处，哪一个看出去的视野更为宏伟呢？"作为一名天体生物学家，麦凯坚持认为，这两者结合起来所展现的视野才是最宏伟的。

目前，麦凯和他的同事正在阿塔卡马沙漠里进行艰苦卓绝的探索，以确定沙漠适合生命生存地区的精确边界。这是一项相当艰巨的任务，因为某些沙漠

阿塔卡马沙漠

生物只有在一年里寥寥无几的潮湿天气里才有生长的机会。麦凯说："如果我们能在地球上找到生命生存的最低极限条件，那么我们就有可能获得关于火星生命的一些有用的信息。"

博登湖之下湖

2008年，麦凯和他的同事钻开南极博登湖的下湖的冰层，在湖底发现了一些之前从未见过的细菌。他认为，下湖是一个极好的火星环境模拟之地，因为湖里的水是冰层下的雪融化后累积起来的，而不是地表上融化的雪水，后一种情形在火星上是不可能发生的。

冰岛的大间歇喷泉

冰岛的大间歇喷泉不时地从地底下喷发热泉，高度可达60米，这里既是旅游者趋之若鹜的旅游胜地，也是天体生物学家模拟考察外星生态环境的理想之地。

麦凯曾多次造访此地，为的是探索喷泉对生命的意义。陆地上的间歇喷泉和深海热液都属于热液现象——在熔融岩石的热量和压力作用下，地下水从陆地表面的缝隙中，或从海底的热液口喷发出来。

像冰岛这样的间歇喷泉在世界其他地方也能见到。"旅行者2号"探测器在海王星最大的卫星海卫一上发现了四个这样的活跃间歇泉。"卡西尼号"探测器拍摄到的土星图像也显示，在土星的卫星土卫二上也有一个正在喷发的巨大的间歇泉，这颗卫星上的冰、水蒸气和其他化学物质被喷射到数千千米外的太空中。

未来太空探索计划将对热液中所含化学成分进行详细的分析，这对于回答土卫二地表之下是否有生命存在的问题，是重要的第一步。

HUOSHAN，DIZHEN DE SHENBU CHENGYIN

火山，地震的深部成因

“人们都以为魔鬼降临。一些人相信这就是世界末日的开始。”对于在1812年1月23日写下这两句话的乔治·海因里希·克里斯特来说，那场刚刚撕裂了密西西比山谷的系列地震不仅非常致命，而且难以解释。200多年过去了，今天的我们仍未能破解这个奥秘——根据板块构造论，美国中西部根本就不是应该发生地震的地方。

地球上的“怪异”之地还不只这一处。苏格兰西岸海域的海底地貌，南太平洋的海底火山，非洲南部的穹窿构造……全球都能见到板块构造论所无法解释的地貌。

板块构造论的中心内容是：地球的最上层——岩石圈或称陆界由一连串坚硬的板块组成，漂浮在黏稠的地幔之上。这一理论是由德国地球物理学家魏格纳率先提出的，他认为今天的各大洲形成于一个超级大陆——盘古古陆，它在两亿年前分裂并开始漂移。

魏格纳的理论最初被人嘲笑，但逐渐增多的证据表明地球表面确实在变化。到20世纪60年代，科学界开始接受板块构造论，认为它不仅能解释地球的多样化地貌，而且能说明为什么地球的大多数地震和火山活动沿着地表的一些带状地带——板块边缘——集中。在板块分离的地方，来自地幔的炽热物质上涌、冷却，形成新地壳，陆地上创生裂谷，海底则产生海脊；在板块汇聚的地方，板块之间相互挤压，强迫山脉隆起，或者在地震活跃的黏性俯冲带（例如爪哇海沟，2004年12月苏门答腊-安达曼大地震所在地），板块相互潜没到彼此的下方。

可是，到20世纪70年代，看起来无所不包的板块构造论再度遭到质疑。美国地质学家杰森·摩根原本是板块构造论的最早倡导者之一，却成为最早质疑该理论的人之一。他认为，板块构造论无法解释夏威夷群岛的火山活动——这座群岛远离太平洋板块边缘数千千米。板块构造论对此的解释是，火山活动是由板块弱点导致炽热物质从地幔被动上涌而引发的；而摩根认为是，有一根炽热的地幔物质柱从地下许多千米的地方逐步往上挤压，最终挤破地表，形成了夏威夷火山。

到20世纪80年代中期，地震释放的地震波揭示了地球内部的一些状况，摩根等人的“奇谈怪论”开始被接受。在穿越不同密度和温度的物质时，地震波的速度是不同的。通过在地表放置传感器测量地震波到达的时间，科学家创制了地震波所经过的物质的三维图像并发现：在靠近地幔与地核（呈熔融状）交界处的地幔底部，坐落着两大堆非常炙热稠密的热化学物质，其中一个位于南太平洋下方，另一个位于非洲下方。它们每堆的直径都有几千千米，在每堆上面都有一根由更炽热的物质组成的超级地幔柱，而且看起来正上升至地表。

这一发现或许解释了南太平洋中间海底为什么高出周围地貌大约1 000米，以及从刚果以南直到南非南部的包括马达加斯加在内的整片地区为什么比周围地貌高的原因，而这是板块构造论所不能解释的。地震波成像还揭示，较小的地幔柱从冰岛和夏威夷下面的地幔上升至地壳，这或许解释了这两大群岛的存在及其岛上的火山活动。

不管往哪里看，到处都有地球内部垂直运动塑造地球表面的证据。在板块构造论形成以后，随着资料的积累和技术的发展，人们对地球板块理论的认识不断加深。

现在还不太清楚的是，这种机制是怎样工作的。板块构造论认为，沉降到俯冲带地幔中的物质在浅地幔中再循环，通过在俯冲带附近或更远的两个板块分离处的火山活动重新浮现。从20世纪80年代至今，利用地震资料得到的地球内部运动成像结果，进一步丰富了原先板块运动学说的内容。当板块下沉至地幔时，会引发地幔物质上涌。2011年，有科学家用电脑模型对俯冲带地幔进行模拟。结果显示，一旦一块俯冲板块到达地幔和地核交界层，就会挤压层中的物质，而这种物质与热化学物质堆相遇，就会在上方形成地幔柱。例如，潜没到阿拉斯加附近的阿留申群岛下方的俯冲板块可引发夏威夷下面的地幔柱形成，由此产生的热点为夏威夷火山增添燃料。

科学家还模拟了一个构造板块与其下面的地幔反向运动的情况。结果发现，如果这种剪切效应发生在地幔密度改变或上覆板块厚度改变的区域，就会导致地幔物质熔化并上涌。这一模型准确地预测了海底火山存在于东太平洋海隆（几乎与南美洲西岸平行的一条洋中脊）西面而非东面。地震波测量表明，西面的地幔和板块正在反向移动，而在东面却没有这样。这个模型还预测，剪切效应在美国西部、欧洲南部、澳大利

亚东部和南极洲最明显，而所有这些区域的火山活动都远离板块边缘。

如果今天地球深处的动力学能改变地面地貌，那么同样的情形必定在过去也发生过。2011年，有科学家在苏格兰海域引发了一系列爆炸，以记录反射波，从而了解海底的情况，结果他们“看”到了隐藏在最近的岩石和沉积层下面的大约5 500万年前的化石风景，包括小山、峡谷以及河流网络。通过分析河流随着时间而改道的情况，科学家发现，这片区域曾一度被抬离到高出海面近1 000米，随后又被重新掩埋，整个过程发生在短短100万年内。如此之快的速度是板块构造论所无法解释的，而炽热的地幔物质从地幔柱呈放射状排开的话，就可能驱动附近冰岛的火山。如果把这个板块比作一张地毯，那么地幔物质就像老鼠在地毯下面跑，地毯上自然就会出现起伏。

科学家还辨识出了如今澳大利亚东部地下的类似的险峻垂直运动，它发生在1.45亿—6 500万年前的白垩纪时期。再来看喜马拉雅山，它形成于3 500万年前，当时印度板块与超级大陆冈瓦纳分离，加速北进，最终撞进欧亚板块。根据板块构造论，板块速度最多只能达到每年大约8厘米（这个上限是由俯冲板块能潜没进地幔的速度决定的），这不能解释为什么印度板块以每年最多达18厘米的速度朝着其目标前进。2011年，电脑模拟结果显示，由“团聚”地幔柱的迅速增大的顶部施加的水平力量，被认为是在6 700万年前导致岩浆喷涌形成印度西部德干火山、让印度板块一路向前的力量源头。

美国中西部的异常、周期性的地震破坏活动，或许能由板块构造论和边界应力的延伸来解释，但根本原因可能还得到更深处去寻找。科学家推测，远古的法拉龙板块在白垩纪期间开始沿着北美洲西海岸滑移进地幔，而这个板块目前已钻到足够的深度，从而导致海洋在地壳板块压力下沉降到中密西西比河谷下方，造成上覆岩石圈严重变形，最终引发了200多年前的灾难事件。

如此看来，塑造地球的过去、现在和将来的并不只是板块运动，还有地球内更深部物质的变化和运动。

“1790足迹”

夏威夷群岛的基拉韦厄火山和它的哈勒马乌玛尤火山口，被当地原住民视为火山之神佩里的住所，夏威夷人会定期造访这些火山口以供奉神灵。发现于基拉韦厄火山附近的一系列人类足迹遗迹，被认为与该地区1790年的一系列小战役以及火山喷发有关，所以被称为“1790足迹”。

这些足迹被认为是由一支部队在撤退过程中留下的。在部队经过基拉韦厄火山时，火山开始喷发。部队头领认为可能是士兵们冒犯了神灵，于是将部队分成三支分队。其中两支分队在穿越沙漠时被火山喷出的火成碎屑物掩埋，只有一支分队在这次喷发中存活下来。一名早期地质学家把这些足迹归因于那些被火山夺命的士兵。

而最近的研究表明，其中至少一部

分足迹应该归因于夏威夷人的日常生活行为，而与战争无关。经现代法医学鉴定，这些足迹中有许多是由妇女和儿童而非士兵留下的。研究者推测，人们当初很可能正在这里用黑曜石制作工具，不料火山突然喷发，人们在匆忙逃离现场时留下了这些足迹。而当时士兵们正在山峰上，一些人被火山毒气杀死，而非被火山灰夺命。火山喷发导致下雨，火山灰变成泥巴，接着又在热带的烈日下很快固化，最终把足印保存在了干燥的沙漠里。

夏威夷火山奇观

2012年11月下旬，美国夏威夷群岛的最大岛屿——大岛上的基拉韦厄火山喷出的熔岩流入11千米外的大海，造就了宏大而罕见的蒸汽海浪奇观。这也是它的熔岩自2011年12月以来首次入海。

熔岩入海的场面不仅非常壮丽，而且十分危险。熔岩到达海洋后会冷却、变暗和变硬，在喷涌的蒸汽里成为一座熔岩三角洲。作为新形成的陆地，这种状态不稳定的熔岩三角洲有可能在没有任何警示的情况下发生坍塌，导致熔岩块和热水飞溅，就算是站在百米外的游客也可能遭到伤害。熔岩与海水接触时产生的看似无毒的蒸汽也很危险，因为这种蒸汽是酸性的，还包含微小的火山玻璃（又称松脂石或黑曜岩，是火山熔岩急冷时形成的天然玻璃）颗粒。不过，在此次熔岩入海过程中，火山周围没有任何社区受到威胁，因为最靠近火山的小镇“卡拉帕拉花园”也在千米之外（但它在1986年的一次火山喷发中曾

遭重创）。

基拉韦厄火山位于1916年建立的夏威夷火山国家公园内，它包含两座活火山——世界上最活跃火山之一的基拉韦厄火山和世界上最大的火山莫纳罗亚火山。这座公园为科学家了解夏威夷群岛诞生过程和火山活动提供了机会。而对于每年数以百万计的游客来说，公园提供的则是奇异的火山景观和稀有的动植物群落景观。1980年和1987年，这座公园被列入“国际生物圈保护区名单”和“世界遗产名录”。公园目前的占地面积是1 309平方千米，其中过半面积被指定为“夏威夷火山野生生态区”，区内提供不同寻常的徒步旅行和露营机会。公园内的环境多样，海拔可以从海平面到莫纳罗亚火山最高峰——4 169米。这里的气候从湿润的热带气候过渡到干燥的沙漠气候。

自1983年以来，基拉韦厄火山一直从它的普尤俄俄喷口持续喷发。活跃的喷发地点还包括这座火山的其他主要喷口。在公园通往海岸的“系列火山口”路沿线上，正如其名，有多个历史上喷发过的火山口。这条路过去曾与卡拉帕拉镇附近的另一个公园入口连接，但现在它已被熔岩流覆盖。

夏威夷群岛是更新世时期五座盾形火山喷发的结果。公园所在的夏威夷岛是跨度为2 736千米的夏威夷群岛中最年轻的岛屿之一。事实上，整个夏威夷群岛都很年轻，最年轻的不到100万年，最古老的也不到600万年。新的岩层至今仍在这里形成。这座群岛位于地球上最大的构造板块即太平洋板块的顶端。关于夏威夷群岛火山的构成原理，板块构造论的解释是，火山活动是由板块弱点导致炽热物质从地幔被动上涌而引发的。但新的研究结果表明，潜没到阿拉斯加附近的阿留申群岛下方的俯冲板块下沉至地幔，引发夏威夷下面的地幔柱形成，由此产生的热点为夏威夷火山增添燃料。

TANXUN DIXIA SHUICENG

探寻地下水层

近来，我国地下水的状况成为一个社会关注热点，频频曝光的地下水污染、地下水资源日益枯竭等问题敲响了我们的警钟，合理利用和保护地下水资源刻不容缓。

看不见的地下水

撒哈拉沙漠东部地下深处的努比亚砂岩地下水层，目前正处于困境之中。早在2 000多年前，它就是世界上最大最古老的地下储水层之一，为利比亚、埃及、乍得和苏丹等国提供水资源。但现在，它即将枯竭。在埃及，人们不断地抽取地下水，以供应日益膨大却远离尼罗河的沙漠城市；在利比亚，世界第八大奇迹——人造大运河，正利用其地下管渠系统将利比亚仅有的另一个水源——咸地中海的水不断地抽走。

撒哈拉沙漠中的绿洲干枯了，游牧牲畜和野生动物的水源发生了短缺。但是，没有谁来对这一情况负责：古老的地下水系统太复杂了，人们既说不清楚哪个地方是主要的用水之地，也说不清楚地下水什么时候会被用完。没有哪个国家会相信其他国家能够提出一个公平的判断，人们无法就地下水保护措施达成共识。这种不信任和各行其是，又使情况变得更加糟糕。

世界上绝大多数的饮用水都隐藏在地下，但其状况人们知之甚少。随着全球人口增长和气候剧变，我们不能奢望还能发现更多的地下水。地下水正散失到海洋，而且正以一个空前的速度被消耗，同时也正不可避免地被污染。接下来地下水会怎么样？更加难以说清。也许，过不了多久，水资源短缺就会导致世界范围的干旱，届时第一次真正的水源战争将会爆发！那么，如何才能阻止这种悲剧的发生？毫无疑问，我们的当务之急是摸清地下水的分布情况，即知道哪里有地下水。

常规的地图难以让我们寻找到不可见和移动的地下水源。根据联合国环境计划署的最新判断，地下水占世界可获得淡水的97%。然而，水文学家大都致力于研究地表水，从未下功夫去绘制脚下的地下水的地图。很多人以为，地下水很容易开发，并且储量巨大。比如，单是在南美的瓜拉尼，地下水储量就达4万立方千米，远远超过了北美的五大湖的储水量。但是，地下水并非储存在一个巨大的、固定的地下湖里，相反，它们通常是缓慢地穿过复杂的可渗透岩层、砂层或其他一些地质层。地下水也不像地面的湖泊，干涸后很快又会涨满。地下水的储藏复杂得多，不仅取决于容水量，而且还取决于被雨水或融雪积满的速度。

不过，现在有了新的希望：借助新的物理学和工程学方法，科学家正在绘制第一张地下水全球地图。

采用新方法：用同位素进行地下水分析

随着世界人口的增加，水的需求量也在增加，但这并不是人们越来越关注地下水的唯一原因。气候变化也在重新分配全球水资源。随着全球变暖，各地的降雨量发生变化，湿润的地方变得越发潮湿，干燥的地方变得越发干旱。2011年，非洲东部和美国得克萨斯州就发生了严重干旱。较少的降雨量，意味着没有足够的新水补充到正在被极速耗尽的地下水层中。尽管有不少的地图都标出了地下水层的位置，但并没有提及蓄水量、水位变化的速度以及是否可以安全饮用。干裂的地表下，地下水资源还是未知数。

为了计算出地球脆弱的地下水系统究竟还有多少水资源可以利用，我们需要弄清楚两个问题：一是这些地下水已经存在了多久，二是它们的补充需要多长时间。

为了得到这些数据，传统的方法是费时费力地钻孔取样，进行研究。这就需要在地上钻出许多小洞，以便监测地下水流的速度和方向，再整合这些数据来建立一个地下水层的模型。

然而，对于有些地下水层，比如文章开头提到的努比亚砂岩地下水层，这种方法却行不通。一是花费太大，许多钻洞的位置都在遥远的沙漠；二是如此集中的研究需要各国政府的支持，但各国政府对地下钻洞研究始终持怀疑态度，因此建立与努比亚砂岩地下水层有关的四个国家的地下钻洞网络很难进行。

不过，新的转机出现了，它来自国际原子能机构。该组织用同位素来进行水源分析，其同位素水文事业部负责人阿加瓦尔用同位素监测地表水已经有几十年了。2006年，阿加瓦尔等专家与联合国发展计划署等机构合作启动项目，以创建一个地下水的综合地图。如果采用同位素检测方法，仅需从已有水洞中取少量水样进行分析就可以揭示整个地下水层的状况。这种方法既便宜又简单。

研究小组首先需要计算地下水的年龄。对此，研究人员选用碳14来进行研究。就像研究古代的文物，水也可以通过这种放射性元素来计算年龄。地表水吸收了大气中的二氧化碳等气体，带上了与大气相同的同位素原子碳14的印记。随后，地表水进入地下水层中，也使地下水带上了这个独特的印记。随着时间的推移，进入地下水的碳14会经历放射性衰变，只要弄清水样中剩余的碳14的量就可以揭示地下水的年龄。

研究结果显示，努比亚的地下水的水样中几乎没有检测到碳14。这意味着这些地下水的年龄已经非常古老了。之前的研究结果表明，努比亚地下水已有4万年的历史，而碳14检测结果认为，努比亚地下水的历史接近5万年。这一结论引起了人们的质疑，于是研究小组转向用另外一种很少见的同位素氪81（81Kr）。直到最近，科学家才掌握了如何捕获和计算氪的半衰期。采用同位素氪81，可以精确追溯200万年水的年龄。研究发现，之前碳14的研究并不准确，因为相当一部分努比亚地下水的年龄接近100万年！

只知道地下水的年龄还远远不够。为了获得一幅完整的地下水层地图，还需要知道究竟是哪部分水已经被新水替换了。

接下来，研究小组又采用组成水分子的两种同位素氘（2H）和氧（18O）来做这个实验。检测每滴水中这两种同位素的比率，能够为弄清该水资源最初所在位置的天气状况提供线索。在较凉爽的天气情况下，这两种同位素的比例降低。因此，样本中如果含有较低浓度的18O和2H，就表明最后一次充入新水时努比亚地下水层所在地区的天气是比较凉爽的。

不出科学家所料，样本中的18O和2H检测结果表明，在现代，这个地方的地下水并没有新水注入。地下水层仅包含那些在很久以前就进入地下的“化石水”。换句话说，这里的地下水层一直没有被更新，而且一天天减少，终将干涸。

这无疑是个糟糕的消息。然而，多亏同位素的研究，阿加瓦尔还能计算出这个地方的全部地下水还剩下多少——这些古老的“化石水”至少还可以用几个世纪。由于地下水流动很缓慢，所以一个国家的使用不会立即影响到另一个国家。阿加瓦尔等人认为：乍得人不必担心利比亚人偷用了他们的水。

新的研究途径：借助卫星跟踪

根据上述研究结果，依赖努比亚地下水层的几个国家最终达成共识：他们需要共同努力来保护地下水层。

然而，这些措施并不足以挽救利比亚正在干涸的沿湖绿洲。即使一个地方的地下水只供给一个国家，也很难说清楚究竟是谁用了水，用途是什么。要想计算出地下水的全部使用量，国家和企业应该既考虑其直接使用量，也要考虑其间接消耗量，但要做到这点非常困难。

对这个问题，美国的一个科学家团队已经找到了解决的方法——跟踪全球地下水的空间实时变化。这项工作要依赖美

撒哈拉沙漠中的绿洲干枯了，游牧牲畜和野生动物的水源发生短缺。随着全球人口的增长和气候的剧变，也许过不了多久，水资源短缺就会导致世界范围的干旱

国宇航局的重力恢复和气候实验，该实验致力于测量地球万有引力的变化。

科学家借助两颗轨道相距220千米的卫星来做这项工作。当第一颗卫星移动到引力较强的点（有山或者有大量地下水的地方）时，它就会暂时更靠近地球而远离另一颗相随的卫星。通过测量两个卫星之间距离的变化，美国宇航局的科学家们绘制出一幅详细的地球万有引力的图谱。应用这项研究成果，科学家又向前推进了一步：地下水层的显著变化，是由干湿季节、长期干旱以及矿业和农业抽水导致的。将卫星所受的万有引力的数据和地下水层的显著变化联系起来，就开辟了一条新的研究途径。

绘制地下水地图，合理利用水资源

2011年，科学家公布了一个令人惊讶的研究结果：美国加州中央谷地下方的主要地下水层由于当地生菜种植业的极度消耗，很快将走向干涸。按照目前的消耗速度，这里的地下水将在2100年被耗尽。

这一发现发人深省：人们正在耗尽世界主要中纬度地区的每一个地下水层。例如在加州，农业是主要的罪魁祸首，它消耗了大量的地下水。但农业并非唯一的该为这一状况买单的产业。科学家根据他们绘制的地图认为，在澳大利亚的采矿地区，地下水也已严重耗竭。

重力恢复和气候实验只能监测那些大于15万平方千米区域的地下水层的变化，即便如此，将它所计算出的数据和同位素研究计算出的水的年龄相结合，就可以给出对地下水层总水量的一个粗略估计。如果对全球所有的地下水层都做这项工作，就会得到地下还有多少淡水以及它们流向哪里的第一手资料。这些信息能够帮助我们预测水源的短缺，也可能给一些国家足够的警示，以避免或减轻对地下水的影响。

基于对全球水资源的了解，我们已经收获了一些惊喜：虽然发现大的新的淡水资源已不再可能，但或许可以发现一些小的水源。例如在厄瓜多尔炎热的圣埃伦娜半岛，当地居民们只有三眼间歇供水的井，但在2009年进行地下水资源同位素调查之后，居民们挖了四眼可以24小时持续供水的井。在孟加拉共和国，当地的水中含有砷，致使几百万居民中毒，而借助于同位素研究，已经找到了一些可以安全饮用的地下水。虽然水地图本身并不能让沙漠中的绿洲再次装满水，但至少可以合理分配水，以保证每个人有足够的饮用水。

要防止水冲突，就要合理分配当地水资源，这就首先需要知道这些水的去向，知道谁在使用。当越来越多的国家都意识到这个问题，并开始追踪隐藏在自己国家的地下水时，这些研究方法便将有助于他们把这项工作做得更好。

DIQIU SHENGMING DE QIYUAN AOMI

地球生命的起源奥秘

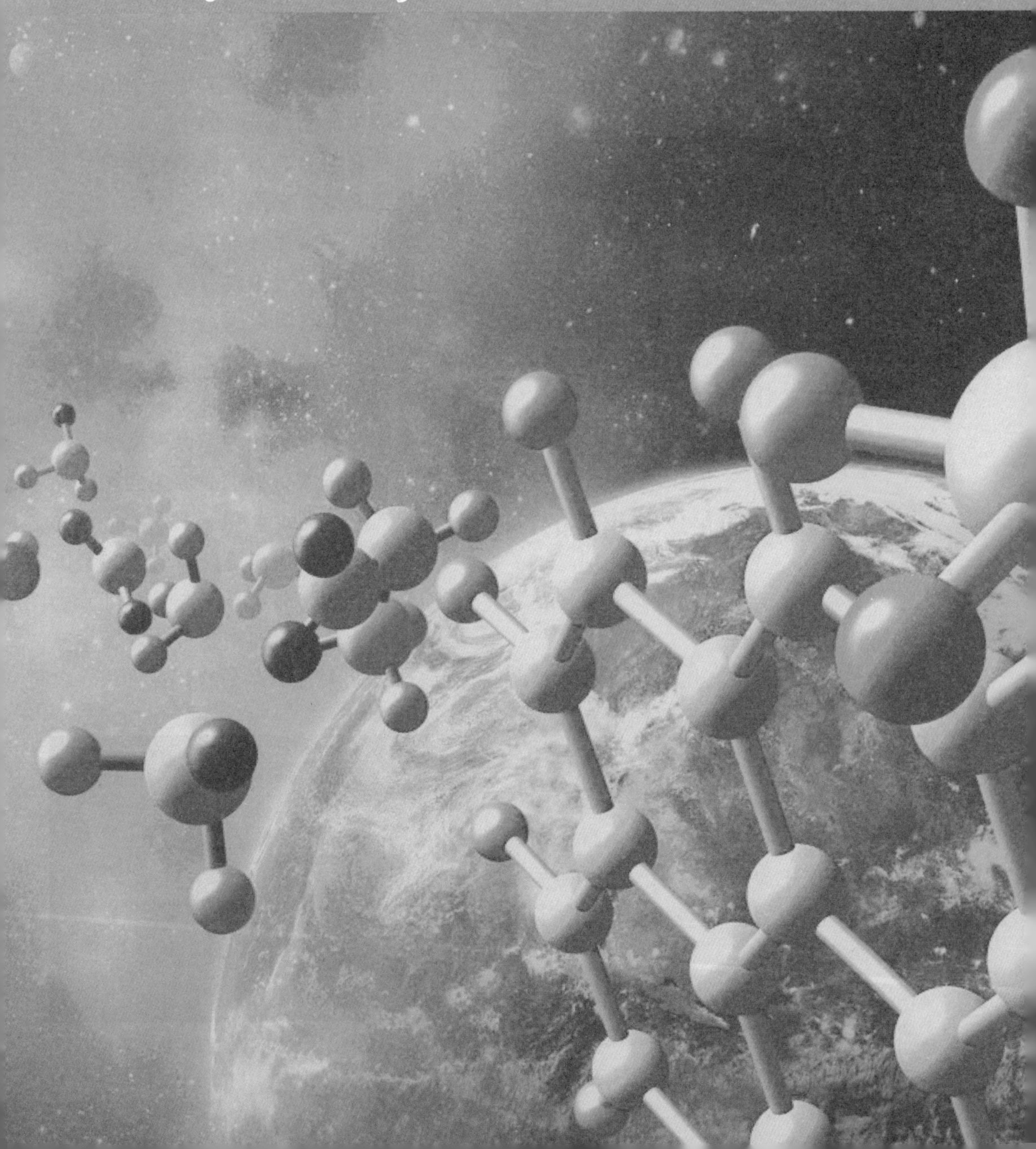

2011年3月，美国宇航局科学家理查德·胡佛在《宇宙学杂志》上发表论文称，他在陨石里发现了来自太空的外星微生物化石。他同时还坚称，这些微小的生命形式不是地球的污染物，而是在彗星、月球和其他星球上生活的活体有机生物的遗留物。胡佛的论文引起了人们的极大关注。如果这项研究成果得到证实，可能意味着宇宙到处都存在着生命迹象，地球上的生命或许来自太阳系的其他地方，随着彗星或小行星一类的太空岩石来到地球。不过，很快就有科学家对此进行了质疑。

地球上的生命是如何起源的？这是地球上所有奥秘中最大的奥秘。由于缺乏地球早期生命体化石以及相关的地质学证据，我们至今仍不清楚地球上最初的生命是怎样出现的，出现在哪里，生命体的形态是什么样的……地球生命起源的诸多奥秘依然扑朔迷离。

最初的地球生命是怎样出现的?

这是地球生命起源奥秘中最有趣也最困难的一个谜题。

在人类的各种文化中都有解释生命起源的故事。中世纪的欧洲学者认为，一些小动物如昆虫、两栖动物和老鼠，是“自发产生”的，即非生命成分自然地“自我组装”，比如从旧衣服堆或垃圾堆中产生生命。1668年，意大利医生弗朗西斯科·雷迪对这种说法提出了质疑，他发现蛆虫是从苍蝇产下的卵中孵化出来，而不是从腐烂物质中自然形成的。到19世纪60年代，法国微生物学家巴斯德进行了一系列实验，彻底否定了生命“自发产生”理论。

1871年，达尔文在一封信中写道：“最初的生命体有可能是在一个温暖的小池塘中出现的，这个池塘中可能同时具有各种化学物质（如氨水、含磷的盐等）和闪电、光亮、热量一类的东西。经过一系列复杂的化学反应后，蛋白质合成物出现了，它们开始经历若干更复杂的变化。”此后，无数科学家前仆后继，逐渐完善着达尔文想象中的那个孕育地球生命的“温暖的小池塘”。其中，最有影响力的人是俄罗斯科学家奥巴林和英国科学家霍尔丹。

奥巴林和霍尔丹推断，生命产生之初的地球早期大气中没有氧（或有很少的氧），但却有可以通过化学反应产生氢原子的其他高浓度气体成分，而氢原子是合成创造生命的化合物所必不可少的。据此，科学家认为，促进原子和分子重新排列进入有机生命形式的能量来自于阳光、闪电或地热。

为了检验上述理论，1953年，美国芝加哥大学的物理学研究生斯坦利·米勒设计了一个实验：在密封玻璃容器中充满地球早期大气中存在的各种气体，容

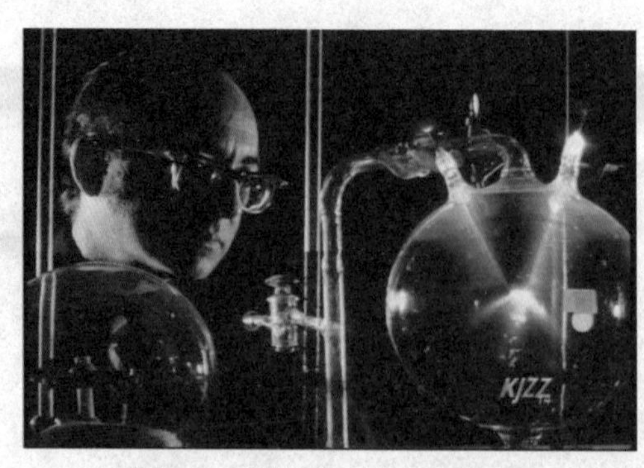

斯坦利·米勒和他设计的实验装置

器底部是沸腾的水，水的上方通过仪器产生电火花穿越气体混合物。经过一星期的反应，米勒发现，在气体中和水中都形成了氨基酸。氨基酸是构成地球生命的基本成分之一。构成生命的蛋白质和酶都是以氨基酸为基础的。

不过，后来的科学家发现，在生命产生之前，地球早期大气可能根本不像奥巴林、霍尔丹和米勒认为的那样已经为生命的诞生做好了准备。他们推断，火山活动给早期大气中增添了一氧化碳、二氧化碳、氮，以及少量的氧。近年来，科学家在实验室条件下模拟数十亿年前的地球早期大气，已产生了有机体中发现的所有20种氨基酸。

但是，在没有生命存在的情况下，这些氨基酸是如何连接在一起形成更复杂的化合物，进而成为地球早期生命体的呢？实际上，问题并不在于氨基酸，而在于蛋白质，所有活细胞都是由蛋白质组成的。活细胞以化学方式利用特定的酶将氨基酸连在一起形成某种蛋白质。没有酶，氨基酸就无法以化学家称之为聚合作用的方式连接起来。那么在早期地球上，没有酶的帮助，氨基酸是如何连接在一起的呢？一种可能性就是，氨基酸与炽热的砂子、黏土或其他矿物结合在一起。实验室实验表明，氨基酸和其他高分子聚合物的稀释液滴落到温暖的沙地、黏土或其他矿物质上，以这种方式连接起来形成较大的被称为类蛋白的分子。可以想象，在达尔文设想的“温暖的小池塘”里，自发形成的“氨基酸汤液”飞溅在炽热火山岩石上的情景，黏土和黄铁矿也为生命最基本成分形成更大的分子提供了一个很好的“平台”。

氨基酸和其他有机化合物的形成被推定为生命起源的一个必要步骤，这一点是确定无疑的，至少是所有生命体都依赖于DNA 和RNA 进行复制这一发展过程中的一环。科学家由此推测，一旦第一个可以进行自我复制的分子出现，进化就主宰了之后的生命发展之路，最适应于当地环境条件的特定分子能够最有效地进行自我复制，直至原始细胞出

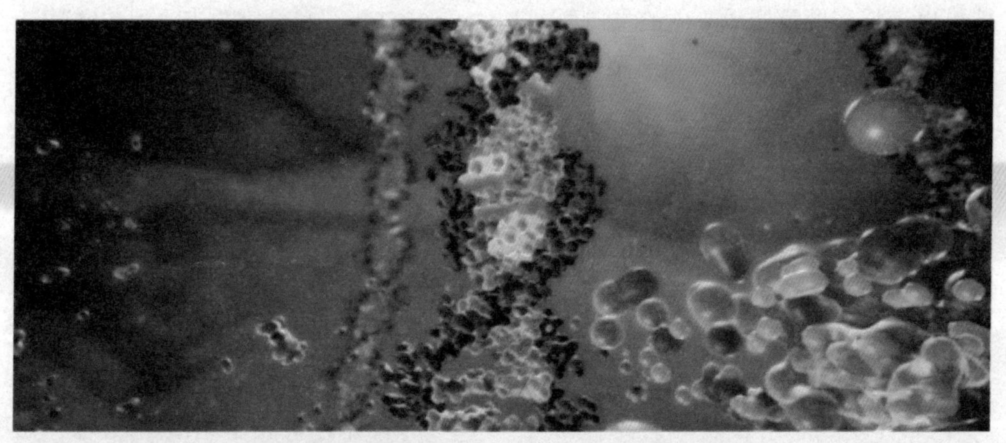

现在许多科学家都相信，在富含营养的原始“温暖的小池塘”里，简单化合物逐渐“组装”成复杂化合物，如碳水化合物、脂类、蛋白质和核酸，最终产生生命

现。一旦细胞产生，通过自然选择和生存竞争，地球上多种多样的生命形式便纷纷开始出现。

蛋白质是生命的物质基础，没有蛋白质就没有生命。机体中的每一个细胞和所有重要组成部分都有蛋白质参与。蛋白质的种类很多，性质、功能各异，但都是由20种氨基酸按不同比例组合而成的。氨基酸赋予蛋白质特定的分子结构形态，使它的分子具有生化活性。

基因是编码蛋白质或RNA等具有特定功能产物的遗传信息的基本单位，是染色体一段DNA序列。也就是说，生物的遗传信息都储存在细胞核内的DNA中。细胞分裂时，为了确保每一代的细胞具备相同的遗传信息，DNA必须通过自我复制使子代细胞带有同样数量的DNA，这一过程称为“复制”。细胞执行某种生物功能时，需要特定的蛋白质来完成。此时，DNA将信息转录给RNA（这一过程称为“转录”），然后RNA将特定的信息通过氨基酸的不同组合来组成特定的蛋白质（这一过程称为“翻译”）。这样，DNA中的不同遗传信息就可以根据需要翻译成不同的蛋白质，而不同的蛋白质则在机体内执行不同的生物功能。这即“生物中心法则”——细胞内的信息按照预定顺序流动：DNA将遗传信息转录给RNA，RNA严格按照DNA的遗传信息，通过氨基酸的不同组合合成蛋白质。

DNA的中文名称是脱氧核糖核酸，英文名称是Deoxyribonucleic acid。RNA的中文名称是核糖核酸，英文名称是Ribonucleic acid。DNA是由一个一个核苷酸连接成双螺旋分子结构的大分子。RNA也是由许多核苷酸连成的长长的大分子，但没有DNA长，分子量也小得多。蛋白质是由氨基酸单分子连起来的大分子。

现在许多科学家都相信，在富含营养的原始“温暖的小池塘”里，简单化合物逐渐“组装”成复杂化合物，如碳水化合物、脂类、蛋白质和核酸，最终产生生命。

地球生命起源于海底热液口？

有关地球生命起源奥秘最引人注目的话题之一是：简单的有机化合物是在什么地方演变为结构更复杂的化合物，进而成为地球早期生命体的？

达尔文设想，地球生命是在“温暖的小池塘”中产生的，但也有科学家认为，刚诞生不久的地球是一个不适合生命生存的荒凉地方，大气中没有氧气，也没有如今能够阻挡大量有害紫外线辐射的臭氧层，所以他们认为，最有可能产生生命的环境是深海热液口。

1976年，科学家乘坐“阿尔文号”潜艇潜入深海底，在那里发现了一些裂缝，被熔岩加热到几百摄氏度高温、富含矿物质的海水源源不断地从裂缝中喷涌而出。这就是被称之为“海底热液口”的地方。科学家还发现，在海底热液口附近，存在着一个奇特的生态系统，在那里聚集了大量海洋生物，包括巨大的管蠕虫、盲虾和噬硫细菌。

1996年，矿物学家鲍勃·哈森开始了一项实验，旨在证明：海底热液口附近是生命诞生的理想之地。哈森认为，海底热液口的高温高压环境，丰富的矿物质资源，以及裂缝中源源不断喷涌上来并立即与冰冷的海水交融在一起的热水，这种种复杂的环境条件表明，这里很可能是地球生命起源的地方。为了测试这一理论，哈森和他的同事们使用了一种被叫作“压力弹”的设备。“压力弹”在技术术语上被叫作“内部加热气体介质压力容器”，看上去就像一口超级厨房高压锅，可产生超过1 800 ℃的高温，以及相当于海平面气压10 000倍的高压。

做实验时，哈森将几毫克水、一种被叫作丙酮酸盐的有机化学物质，以及一种能产生二氧化碳的粉末装进一个由金子做成的小囊内，然后将小囊放进设定在480 ℃、2 000个大气压的“压力弹”中。两小时后，他取出小囊，发现里面的东西已经变成了数以万计的不同的化合物。之后，哈森和同事们又用氮、氨以及其他早期存在于地球上的分子进行实验，最终创造出了各种各样的有机分子，包括各种氨基酸和糖类，这些都是构成生命体的基本物质。

深海热液口附近或许是生命诞生的理想之地

哈森的“压力弹”实验标志着一个重要的转折点。40多年前，米勒在装满“地球早期大气”的玻璃试瓶里，用电火花模拟闪电，成功地创造出了含有氨基酸的“生命原汤”。而现在，哈森的“压力弹”实验则表明，不仅仅是雷电，生命的基本分子还可能在各种场所形成，包括海底热液口附近，火山口中，甚至在陨石上。

在科学家看来，在地球上形成生命的基本元素如碳、氢、氮等并不难，难的是这些基本元素是如何组合在一起的？还有，氨基酸以多种形式出现，但其中只有一些被生物体用来构成蛋白质，那它们又是如何发现和找到彼此的呢？

哈森认为，各种分子漂浮在浩瀚

一些科学家认为，刚诞生不久的地球是一个不适合生命生存的荒凉地方，大气中没有氧气，也没有如今能够阻挡大量有害紫外线辐射的臭氧层，所以最有可能产生生命的环境是深海热液口

海水——“生命原汤”之中，但那绝不是什么浓厚醇香的炖牛肉汤，它非常稀薄，只是在一片汪洋大海中，这里或那里偶尔飘浮着几个分子而已。可以说，在茫茫大海中，分子与分子相遇，产生化学反应，并最终形成较大结构的机会可谓无限之小。哈森推测，海底的岩石，即在海底热液口周围堆积起来的矿床，很可能是帮助孤单的氨基酸互相寻找到彼此的最好媒介——矿物岩石，其拥有纹理，有的光滑、有光泽，有的粗糙、凹凸不平，表面附着各种分子；氢原子若即若离地徘徊在矿物岩石的附近，电子与其上的各种分子发生反应；某种氨基酸被矿物分子所吸引，形成一个键，足够多的键形成一种蛋白质……为了证实自己的设想，哈森及其同事在实验室里对不同的矿物质和分子加以组合，一遍又一遍地做实验，以重复地球早期海洋里曾经发生过的那些事儿。

哈森还从另一个角度探索生命起源的奥秘，这就是：生命是如何促进了矿物的演化？我们知道，在太阳系形成之前，宇宙尘埃粒子中只有十几种矿物质，包括金刚石和石墨等；当太阳形成之时，又形成了大约50种矿物质。在地球上，火山爆发喷发出玄武岩，板块构造运动形成了铜、铅和锌的矿床。哈森认为，在恒星爆炸、行星形成和地球板块运动的壮丽史诗中，这些矿物质都扮演了重要的角色。接下来，生命活动起到了关键作用。光合作用将氧气引入大气中，形成了一些新种类的矿物质，如绿松石、孔雀石和蓝铜矿等。苔藓和藻类爬上陆地，使岩石开裂，形成黏土，更大的植物得以生长，土壤也向纵深发展，如此等等。如今地球上的矿物质大约有4 400种，其中超过2/3的产生是因为生命的存在改变了这个星球，其中一些完全是由活的生物体死亡后形成的。

哈森认为，海底热液口附近复杂的环境正是生命诞生的理想之地——喷涌而出的热水与岩石附近冰冷的海水产生相互作用，矿床表面提供坚实的表面，让新形成的氨基酸拥有一个能够聚集在一起的落脚之处。他说：“长期以来，有机化学家一直利用试管来进行化学反应实验，而生命起源所利用的则是岩石、水和大气。一旦生命有了立足点，多样化的环境因素就成为演变发展的推动力量。”矿物质演变并增多，生命出现并向多样化发展，于是，三叶虫、鲸鱼、灵长类动物相继登上了地球历史舞台。

地球生命起源于外太空？

有科学家认为，地球上的生命或许来自太阳系的其他地方，是随着彗星或小行星一类的太空岩石来到地球的。

目前科学家普遍认为，地球生命根源于某些特定无机物的组合。在混沌之初，“生命原汤”中的各种物质经历了一系列化学反应，最终形成了氨基酸等结构复杂的有机化合物。自19世纪，有科学家发现，这些富含碳元素的有机化合物同一些陨石的组成成分十分类似，于是提出了地球生命可能来自外太空的观点。

小行星带被认为是地球生命起源较为理想的发生空间。小行星带介于火星和木星之间，远离形成过程中的行星的高温高压环境。一些科学家推测，小行星带中的小行星不断发生激烈碰撞，产生的陨石携带着一些物质运行在太阳系中，其中一些最终坠落到了地球上，正是这些“太空来客”提供了地球生命形成所不可缺少的各种有机成分。

陨石分为球粒陨石和非球粒陨石两类。科学家认为，球粒陨石对生命起源有着较为重要的意义，因为其中含有氨基酸和其他化合物，它们撞击地球产生热和冲击波，可以在地球早期大气中激起合成有机化合物的化学反应。1969年，一颗陨石陨落在维多利亚的默奇森地区，科学家在这颗陨石中发现了多种氨基酸。默奇森陨石属于碳质球粒陨石，极可能是来自彗星的残余物质。这是科学家首次在陨石中发现氨基酸。科学家还在默奇森陨石中发现了与微生物极为相似的微体化石，被一些微生物学家认为是来自太空的微观生命。

科学家还在其他的碳质球粒陨石中找到了各种形态的微生物化石，有长条形的、圆形的等等，与地球上的微生物非常相似。这些陨石样本被一些科学家认为提供了地球生命起源于外太空的宝贵证据。

2010年，美国科学家在一块叫作“Ureilite”的陨石中发现了19种氨基酸。令科学家惊讶的是，他们在Ureilite陨石中既发现了“左手性”的氨基酸，也发现了“右手性”的氨基酸。氨基酸中的原子的排列呈立体组合，有L型（左旋）和D型（右旋）两种，两者呈相互镜像关系，如我们的左手和右手对称一样，因此也被分别称作“左手性”和“右手性”。研究发现，除了少数动物的特定器官内含有少量的“右手性”氨基酸之外，构成地球生命体的氨基酸几乎都是“左手性”的。有科学家据此认为，这些氨基酸肯定来自外太空，而不是在地球上被“污染”的。

2011年2月，一个美国科学家小组宣布，他们从1995年在南极洲地区发现的一块编号为“Grave Nunataks 95229”的陨石中提取了4克岩石粉末样本进行化学分析，结果发现样本中含有丰富的氮元素，而构成生命基本要素的DNA

和蛋白质中都含有氮元素。一些科学家认为，这为地球生命起源于外太空的说法，提供了进一步的有力证据。

2011年3月，美国宇航局科学家理查德·胡佛宣称，他在陨石中发现了地外生命的痕迹。这位天体生物学家曾花费10年时间对陨落在世界各处荒凉角落的陨石进行研究分析。胡佛称，他将发现自南极、西伯利亚和阿拉斯加的碳质球粒陨石进行切片，然后用扫描隧道显微镜进行观察，结果发现了“大型的复杂丝状体”，这种类似地球上能产生氧气的蓝藻细菌的外星微生物化石或许可以证明宇宙中外星生物的存在。如果这项研究成果得到确认，它将为“胚种论”提供有力支持。该理论认为，细菌可以在休眠状态下隐藏于陨石中进行超长距离的星际旅行，而当它们最终落到一个新的行星上后，在条件适宜的情况下，便有机会复苏并实现“生命种子”的星际传播。

胡佛的这一研究成果引起了极大的关注，但同时也受到了很多科学家的质疑。美国宇航局的顶级科学家很快发表声明说，没有科学证据能够支持他们的同事所宣布的这一惊人发现。他们认为，对这个说法最简单的解释是:这些陨石碎片上确实存在微生物,但它们是地球上的微生物。也就是说,这些陨石在降落后被地球的微生物“污染”了。

事实上，之前也有过相似的消息，但最终都被证实是错误的。如在20世纪60年代就有人称在一块陨石中发现了一个“胚种舱”，但后来证明是被人故意粘上去的。

还有另外的地球生命起源形式吗?

科学家普遍认同，地球上的所有生命都起源于一个共同的祖先。但会不会还有不同的地球生命起源形式呢?

2010年，英国皇家学会在伦敦召开了主题为“探测地外生命及其对科学和社会的影响”的研讨会。本次会议的主要议题是“搜索来自外星人的信号”“搜寻地球另一个生命起源”和“探讨寻找外星生命的社会意义”。美国亚利桑那大学的保罗·戴维斯教授在会上提出：“在地球上搜索‘影子生物圈’。”

进化树在几十亿年前形成了三个明显不同的“分枝”，第一个分枝是细菌；第二个分枝包含了从人类到刺猬的所有多细胞生命，也包含了如变形虫这样的单细胞有机体；第三个分枝只包括“古生物”名义下的微生物。但是我们又怎么知道没有更早形成并等待被发现的第四个分枝呢?

何谓“影子生物圈”？即指存在于地球或地球之外，与已知生命形式毫不相关的独立的生命源的后代。到哪里去寻找“影子生物圈”呢？科学家指出，并非乘坐星际飞船到太空中许多光年之外的地方去寻找，而是在我们的地球上寻找。

认为“地球上所有的生命都起源于一个共同的祖先”的根据，主要源自于生物化学和分子生物学——栎树、鲸鱼、蘑菇和细菌看起来是完全不同的物种，但从生物化学和分子生物学的角度来看，其内部机制却是相同的，它们都用DNA和RNA存储信息，用ATP分子储存和释放能量，等等。生物学家还发现，许多截然不同的物种，它们的基因却极为相似，例如人类与小鼠相同的基因达63%，人类与酵母相同的基因达38%。

我们所熟悉的各种各样的多细胞生物都起源于一个共同的祖先，没有人怀疑这一点。无论是动物园里的动物，还是庭院里的植物，它们都是同一种生命形式。不过，多细胞生物只是地球生命的一部分，地球生命的绝大部分是微生物。

在显微镜下，我们可以发现构成微生物的生物化学结构——DNA、蛋白质、核糖体——和你我身体的基本构成是一样的。但是，地球上充满了这些微小的生物体，仅1立方厘米的土壤内就可能含有种类多达数百万种、数量多达数十亿的微生物，其中绝大多数都还没有被归类，更不用说进行研究了。在这中间会不会有我们所不知道的生命形式呢？

问题还在于，进化在很大程度上存在偶然性，不同起源的生命体很可能有着完全不同的生物化学结构，“影子生物圈”有可能被淹没在常规形式的生命中。那么，我们应该如何去寻找我们所不知道的生命形式？一个可行的方法是：到传统生命无法生存的极端环境中去探索，例如沙漠、冰原、高空大气层和火山口。

在过去几十年里，生物学家不断惊讶地发现，在一些以前被认为足以致命的环境中，一些生命却欣欣向荣，繁衍不息。20世纪60年代后期，在美国黄石国家公园的温泉中，发现了可承受90 ℃高温的微生物（被称为嗜热菌）。更为惊奇的是，1976年，在深海底热液口附近，首次发现了生活在高达350 ℃热液中的微生物。科学家还相继发现了能够承受极端寒冷、耐腐蚀以及耐辐射等的微生物。这些发现表明，生命的生存空间比我们以往所认为的要宽广得多。

不过，研究证明，迄今发现的这些极端微生物仍然是地球上的常规生命形式，和你我一样，都源自于同样的生命之树。假如存在一个“影子生物圈”，其生存环境甚至超越了迄今已发现的最顽强生命的生存极限，情况又会怎样呢？一个很好的例子是温度。我们知道，温度超过120 ℃，DNA和蛋白质就会被破坏和瓦解，一系列分子修复和保护机制也会遭到破坏。但是，超级嗜热菌的耐热极限达到约130 ℃。另一个例子是深度。20世纪80年代，天体物理学家托马斯·戈尔德在监管一个实验性石油钻井工程时，在钻孔几千米深处发现了生命。之后几年里，其他研究人员也纷纷在岩石孔隙中寻找到生活在地下深处的微生物，并在1 000米深处的海底岩石中发现——每立方厘米中含有数以百万计的微生物。科学家推测，地球上有着一些与世隔绝或几乎与世隔绝的地下生态系统，每一个生态系统都自成一体，自我维持，并基本上隔绝于我们所熟悉的地球生物圈。

目前至少已有三个这样的生态系统被发现——深埋于地下，几乎完全与地面生物圈隔绝。生活在其中的微生物群落以氢为能量——地下水与炽热的岩石接触产生氢，或者通过岩石的辐射作用产生氢。这些生物体从氢和溶解的二氧化碳获得能量，并释放甲烷为其排泄物。这些生物体中有许多是嗜热菌或超级嗜热菌，越接近地壳深处，它们能耐受的温度越高。

遗憾的是，这三个与世隔绝的地下生态系统仍被认为属于常规地球生态系统。不过，“奇异生命”形式有可能生存在其他一些地方，包括高层大气，寒冷干燥的高原和高山顶（高山顶上高通量的紫外线辐射是普通生命形式所无法承受的），温度低于零下40 ℃的冰沉积层，被有毒金属严重污染、令普通生命形式无法生存的湖泊，等等。在未来的钻探工程中，无论是陆地上还是海上，完全都有可能发现生存着“奇异生命”的“影子生态圈”。

寻找“奇异生命”形式的另一个问题是，它们可能与常规生命生活在同一个生物圈中，这使甄别的难度很大，如像科幻小说中所描写的那样，生活在我们中间的外星人，与地球人看上去没有什么区别。而且一个小人国版本的“外星人渗透”事件有可能真的存在于我们的地球上：看上去就像普通细菌的“奇异微生物”，与普通细菌居住在同一个环境中，人们或许已经看到它们了，但没有认出它们来。

我们不知道“影子生命”到底是什么样的，这是一个极大的挑战。因此，寻找“影子生命”的另一个方法就是：设计出探测其他生物化学结构的手段——两种微生物也许看上去完全相同，但它们在生物化学结构上未必完全相同。目前只有美国宇航局的微生物学家进行了这类实验——寻找“镜像生命”。普通生命体几乎无一例外都采用右旋糖和左旋氨基酸，并避免形成它们的镜像等价物。但是如果“影子生命”是以相反的偏好发展呢？以“手性”为线索寻找“影子生命”，不失为一种明显而简单的技术。

2004年，美国生物学家克雷格·文特尔参加了人类基因组测序，当他宣布他从提取自北大西洋相当贫瘠的马尾藻海中的海水样本中分离出了120万个新的基因、1 800种之前尚未确认的微生物时，整个科学界都为之震动了。文特尔说：“我们正在寻找火星上的生命，但我们其实连地球上究竟还有些什么生命都不知道。”

几个已在进行的海洋采样研究项目为发现海洋中的“影子生命”提供了绝好的机会。科学家在密切关注二氧化碳积累对海洋生物多样性的影响的同时，还将研究来自世界各地的深海微生物。如果我们能发现另一种生命起源的形式，将成为生物学史上最轰动的事件，并对科学特别是天体生物学的发展产生巨大的影响，因为我们可以由此肯定：茫茫宇宙中充满了多种形式的生命。

DIQIU SHANG DE QITE DIXING

地球上的奇特地形

地球上有许多令人不可思议的地形，比如被称之为“大耳朵”的罗布泊，加勒比海的海底洞穴“蓝洞”，澳大利亚沙漠中的艾尔斯巨石，以“遗忘世界”著称的圭亚那高地……本文将带领大家来一次地球奇特地形巡游。

“大耳朵”

1972年7月，在美国宇航局拍摄的一张卫星图片上，在中国新疆塔克拉玛干沙漠的中央，清晰可见一个酷似人耳的地形，不但有数道“耳轮线”，甚至还有“耳孔”和“耳垂”。这个不可思议的“大耳朵”引起了人们的猜测：它究竟是什么？它就是罗布泊（蒙古语意为“众水会聚之湖”），位于塔里木盆地东部最低处，海拔800米左右，最低处海拔780米。那么，这个“大耳朵”是如何形成的呢？

这个问题早在19世纪就成为学术界争论的焦点。19世纪，瑞典人斯文·赫定通过实地考察提出了罗布泊“游移说”。该理论认为，罗布泊存在南北湖区，由于入湖河水携带大量泥沙，沉积后将湖底抬高，使湖水从高处流向低处；若干年后，被沉积抬高的湖底因风蚀作用再次降低，湖水开始回流。这个周期为1 500年左右。赫定还将罗布泊命名为“徘徊湖”。

1959年，中国科学家进入罗布泊地区进行实地考察，提出了罗布泊“不游移”观点，对“游移说”进行了质疑。2010年，中国科学家夏训诚指出，罗布泊古东湖的干涸过程可以划分为六个时期，在雷达图像上正好表现为相间的六个条带。明亮的条带为高含盐量沉积层，表示罗布泊相对强烈的萎缩；暗条带为低含盐量沉积层，表示罗布泊湖相对较弱的萎缩。“大耳朵”的“耳孔”是湖水最后干涸的洼地，“耳垂”是塔里木河、车尔臣河、若羌河、米兰河经喀拉和顺湖注入罗布泊时留下的三角洲。先进雷达遥感技术还揭示，罗布泊的湖岸线实际上远远超出了“大耳朵”。

有必要指出的是，1980年，中国科学家彭加木在罗布泊地区进行科学考察时失踪。1996年，中国探险家余纯顺在罗布泊徒步孤身探险时死亡。

罗布泊钾盐基地

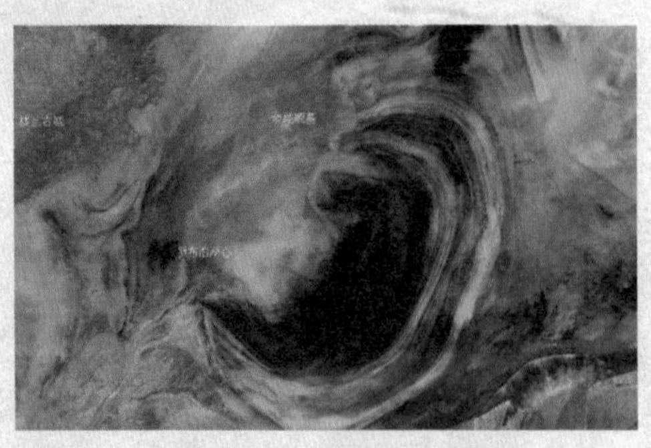

“大耳朵”——卫星遥感成像图

“死亡之海”

死海是西亚最著名的内陆湖，位于以色列和约旦之间，南北长约80千米，东西宽5~16千米，最宽处约18千米，面积约1 049平方千米。东岸的利桑半岛将死海分为两个大小、深浅不同的湖盆，北湖大而深，南湖小而浅。

死海具有两大特征。第一个特征：死海是地球最低的地方。死海的湖面海拔是海平面以下422米。湖盆位于东非大裂谷的北端（现在仍然在缓缓地裂开着）。死海是地壳裂口底构成的湖盆。湖水最深处约380米，故死海的湖底最低点是海平面以下约800米，为世界陆地的最低点。第二个特征：死海的浮力很大，人可以自由漂浮在水面而不会下沉。死海的水主要来自北边的约旦河。湖区气候干旱，年降雨量北湖约为100毫米，南湖约为50毫米，年蒸发量约为1 400毫米，年平均气温14~17 ℃，夏季平均为34 ℃，最高可达51 ℃。约旦河并无流出口，而且气温高、蒸发强烈、降水少、河水补给少，年深日久，导致死海中积累了大量盐分。通常海水每升约含50克盐，盐分浓度是4%~6%，而死海海水每升约含300克盐，盐分浓度是31.5%，是海水盐分浓度的5倍以上。这样高的盐分浓度，难怪死海的浮力这么大。

在死海中几乎看不到生物，湖岸边的草木也很稀少，十分荒凉，死海由此得名。

死海的奇特风光和温暖冬季，使死海成为著名旅游胜地，每年有众多来自世界各国的游客在死海上浮游和洗黑泥浴（死海中盛产一种海黑泥，具有美颜和保护皮肤的功能）。

海中蓝洞

从巴哈马到尤卡坦半岛的辽阔海面上，散布着几百个神秘的蓝洞。以加勒比海巴哈马群岛中最大的岛屿安德罗斯岛为例，该岛的三面都是浅海，唯在东侧有一条被称为“大洋之舌”的海沟。沿着水道，零散分布着浅滩和珊瑚礁，然后急转直下，出现了一系列幽深的水下洞穴，这就是蓝洞——由奇形怪状的钟乳石和石笋组成的水下迷宫。在1969年“阿波罗9号”飞船拍摄的照片上，可以清晰地看到绕经安德罗斯岛的蓝色“大洋之舌”。

漂浮在死海上看报纸的人

在伯利兹海岸附近，如果从空中俯瞰，可以看到一个被白沙和珊瑚包围的巨大“墨盘”，直径为318米。这就是被称为“灯塔瓣”的蓝洞的入口。

巴哈马群岛由石灰岩构成，石灰岩被海水侵蚀，形成可伸入海下数千米的洞穴和地下通道。蓝洞就是水中岩石的中空部分。每到潮水上涨时，海水压力增大，海水被压入洞中并形成漩涡；到退潮时，海水压力减小，海水又从洞里冒出来。过去，当地人相信在蓝洞内生活着一种半似鲨鱼、半似章鱼的怪物，它们用长长的须把食物拖入海底，美餐一顿，然后吐出食物残渣。在科学不发达的年代，人们以此来解释水流入洞穴时产生的剧烈运动。

这些蓝洞究竟是怎样形成的呢？地质学家指出，在距今100万年前的冰川时期，海平面下降（比现在要低约200米），露出地面的石灰岩被雨水和流水侵蚀，形成了洞穴。到距今 3万~5万年前，地球气候转暖，冰川大量融化，海平面升高，巴哈马群岛的一部分陆地沦为海洋，海水灌满洞穴，使之呈现漂亮的蓝黑色（“蓝洞”由此得名）。

艾尔斯巨石

在澳大利亚大陆中央辽阔的沙漠平原，东距艾利斯斯普林斯市350千米的地方，有一块突兀屹立的巨大岩石，这就是著名的艾尔斯巨石（得名于此石的发现者——欧洲人艾尔斯，他于1872年发现此石）。艾尔斯巨石长约3 000米，高约348米，基围约8 500米，东宽高，西低狭，远远看去犹如一只巨兽卧地，十分雄伟壮观。

蓝洞一角

蓝洞一角

蓝洞是全球最负盛名的潜水胜地之一

蓝洞从高空看就像大海线的瞳孔

艾尔斯巨石的表面溜光圆滑，寸草不生，鸟兽不栖，唯有蜥蜴出没其中。在巨石周围，草木稀疏，无任何冈峦。一望无际的沙漠中何以出现这样一座孤零零的巨岩呢？

艾尔斯巨石的起源可追溯到6亿年前，当时流入澳大利亚大陆的泥沙沉积到海底，形成厚度至少达600米的长石砂岩层。到大约5亿年前，由于地壳运动，砂岩从海上隆起，局部倾斜度达到58°。又经过亿万年雨水的冲刷，岩石表面形成了一条条整齐的细纹，宛如海豹的柔毛。之后，在风化作用下，岩石上形成了许多裂纹和洞穴。

艾尔斯巨石通常呈朱红色，但随一天中阳光照射角度的不同，岩石能微妙地改变颜色，呈现出淡红、紫红、橘红、大红、赭红等不同的颜色。而在雨季（降雨在这片半干旱地区极为罕见），巨石则呈现银灰略带黑的颜色。当雨水沿石壁倾泻而下时，巨石银光闪耀。在巨石的南壁上有一条裂缝，夕阳之下，绝似一个完整的人头盖骨。岩壁之上有一个长约200米的石柱，当地土著称之为“袋鼠尾”，被认为是神的象征。在巨石脚下，有许多古人居住的洞穴，洞壁上雕刻着古老的壁画和文字，描绘了当时人们的生活。

矗立在澳大利亚辽阔的中央平原上的艾尔斯巨石

人们可以扶着铁链登上艾尔斯巨石

乘直升机探索艾尔斯巨石

现在这里已被开辟为国家公园，游客们可以自西边扶铁链登上巨石，眺望辽阔平原的壮观景色。

圭亚那高地

在英国作家柯南·道尔所著《遗忘的世界》一书中，描述了南美北部的一个有恐龙生存的秘境，而委内瑞拉南部的圭亚那高地就是其原型。当然，那里并没有恐龙。

在地质学上，圭亚那高地又叫圭亚那地盾。地盾是地质学名词，指大陆地壳上相对稳定的区域。和造山带相反，地盾中的造山活动、断层以及其他地质活动都很少。圭亚那高地跨越哥伦比亚、委内瑞拉、圭亚那、苏里南、巴西诸国，面积达120万平方千米。高地上矗立着一座座桌状山（山形像桌子一样，顶部平坦，四周被峭立的断崖包围），山脚下覆盖着年降水量超过5 000毫米的热带雨林。一到雨季，几乎每天雷雨交加。经年累月的暴雨把山体表层的泥土冲刷掉，只留下坚硬的岩体，雨水形成无数条瀑布从断崖上倾泻而下。圭亚那高地拥有世界上最长的安赫尔瀑布，落差达972米，瀑布激起的水雾形成七色彩虹。

圭亚那高地的形成可以追溯到大约20亿年前，当时地球上的生命形式还处于早期阶段。如今，圭亚那高地的动物主要是昆虫、两栖类和爬行类，很少有哺乳类。迄今为止，仅发现了几种老鼠和有袋类的负鼠属。圭亚那高地上的植物种类多达4 000种，其中75%是本地独有种，而在生物学上被称为“海之孤岛”的加拉帕戈斯群岛上，这一比例是45%。

圭亚那高地何以能保持如此众多的独立的生物物种呢？与这里的地形和气候有相当大的关系。由于高地上的地形高差达到1 000米以上，因而气温的落差较大。陡峭的崖壁隔开了相邻的桌状山，也隔绝了彼此生物之间的往来，即使是生活、生长在一座山的山顶和山脚的动物、植物也无法往来。长此以往，每座桌状山上就形成了自己独特的生物物种。

当人们在圭亚那高地上沿着山脚漫步时，还会发现一个奇怪的现象：我们平常看到的菊科或藤黄科植物都是草本植物，但在这里它们却是以树木的面目出现的。考虑到植物从树木进化到草至少需要几百万年的漫长时间，这不禁让人疑惑：进化的脚步为何在圭亚那高地上停止了呢？

科学家认为，在几亿年前，现在的南美、非洲、澳大利亚、印度、南极等地，都还是冈瓦纳大陆的一部分。伴随着大陆板块移动，6 500万年后，它们各自构成了新的大陆。圭亚那高地虽然也经历了一系列的地壳变动，但却意外地保留了下来。因此，如今生活和生长在桌状山上的动植物，都是广泛分布在冈瓦纳大陆的动植物的子孙。由于没有被在平地完成了进化的新的动植物入侵，所以圭亚那高地保留了其独立的生物系统。

BAIMUDASANJIAO QUANJIEMI

百慕大三角全解密

据媒体报道，2009年9月底，中国科学院院士戴金星表示，百慕大三角现象很可能与可燃冰融化有关。这再度引发了人们对“百慕大三角之谜”的兴趣。百慕大三角究竟是一种什么现象？可燃冰是什么？可燃冰跟百慕大三角之间到底存在什么样的联系？

百慕大三角，也被称为“魔鬼三角”，是大西洋中的一小片区域——从美国的佛罗里达延伸至百慕大群岛，再到波多黎各，然后再折回佛罗里达，由此构成的一个三角形区域。该地区被一些玄论者称之为“当代最大的奥秘之一”，但实际上它可能根本就算不上什么谜。

“百慕大三角”之说最早出现在文森特·加迪斯于1964年为美国《大商船》杂志撰写的一篇文章中。加迪斯在文中称，在这片神秘海域，大量船只和飞机莫名其妙地失踪。不过，加迪斯并不是第一个这样说的人。早在1952年，乔治·山兹就在美国著名的廉价小说杂志《天命》上发表文章说，他注意到“在百慕大海域发生的怪异事件似乎特别多”。

1969年，美国人约翰·华莱士·斯潘塞写了一本有关百慕大三角的专著——《被遗忘的迷失》。两年后，纪录片《百慕大三角》上映。1974年，《百慕大三角》一书在美国出版并极为畅销。所有这一切都为“百慕大三角之谜”的传播起到了推波助澜的作用。

直到1975年，美国亚利桑那州大学图书管理员拉里·库斯切对“百慕大三角之谜”提出了一个截然不同的结论。当时，他对相关文章和书籍中那些有关“百慕大三角”的种种说法进行了调查，并把调查结果公布在他撰写的《百慕大三角之谜破解》一书中。在仔细查询被其他作者忽略的百慕大三角海域失踪记录后，库斯切发现，在百慕大三角海域发生的许多所谓的“怪异”事件其实根本就谈不上怪异。常见的情况是，对于那些经常被一些人引用的船只或飞机在百慕大三角“平静的海面”上神秘失踪的例子，真实记录却表明当时海上风暴肆虐；对于大量船只在百慕大三角海域“神秘消失，从此无影无踪”的说法，实际情况却是其中大多数的残骸已被找到，船沉原因也都有合情合理的解释。其中一个例子是，一艘被说成是在百慕大三角海域失踪的船只，实际上是在大约5 000千米之外的太平洋海域失踪的，而它被张冠李戴的原因，仅仅是因为它离港的太平洋港口的名字跟大西洋沿岸的一个城市同名。

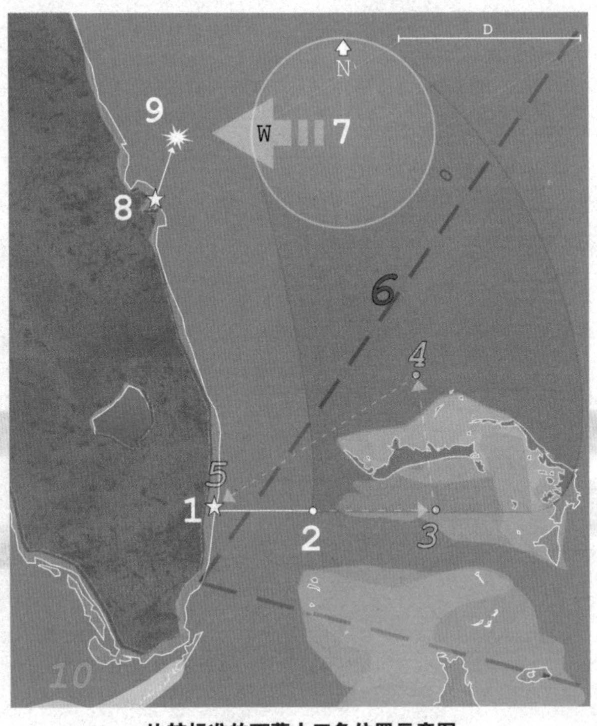

比较标准的百慕大三角位置示意图

更重要的是，《天命》杂志的编辑在1975年向伦敦劳埃德保险公司查询船难记录时发现，所谓“百慕大三角”海域其实并不比全球其他任何海域更危险。美国海岸警卫队的记录也证实了这一点。

此后，再也没有出现任何有力的证据来驳倒这些权威统计。科学界普遍认为，所谓“百慕大三角之谜”已烟消云散，或者说这个“伪奥秘”根本就不是什么奥秘。

不过，还是有人要问，即便百慕大三角不是什么谜，那该地区为什么会发生那么多的海上悲剧呢？这也不足为怪。一方面，百慕大海域是全球最繁忙的海域之一，包括商船在内的大小船只穿行于这片海域，各种客机、军机和私人飞机在该海域上空飞翔，这些船只和飞机把百慕大群岛和遥远的欧洲、南美洲及非洲连接起来；另一方面，虽然百慕大三角海域本身不大，但该地区的天气有时会让交通变得很危险，例如夏季常会出现飓风，温暖的海湾洋流有时也会引发突然的风暴，这也就难怪在这里会发生大量的海上事故。

第19飞行队失踪真相

事实上，很多常被人引用为所谓“百慕大三角”事件的船只和飞机失事事件早已被调查清楚。下面让我们来看看其中的一个例子——第19飞行队“离奇失踪”事件，这可是有关“百慕大三角”的所有事件中最有名、也最曲折的例子。

故事发生在1945年12月5日。这天下午2时10分，由5架“复仇者”鱼雷轰炸机组成的美国海军第19飞行队从位于佛罗里达州劳德代尔堡的海军机场起飞，执行一次常规训练任务。参与这次任务的飞行员中，除了担任指挥官的海军上尉查尔斯·泰勒之外，其余13人都是军校男生。

按照任务要求，泰勒及其13名手下首先往正东方向飞行大约90千米，到达“小鸡和母鸡滩”实施训练性轰炸，然后再往东飞行大约106千米，接着往北飞行大约117千米，最后直飞回机场，飞行距离大约为190千米，这条飞行路线在海上构成了一个大三角形。

第19飞行队起飞约一个半小时后，在海军机场的罗伯特·考克斯上尉收到泰勒发来的一条无线电信息：泰勒说他的飞行罗盘失灵了，但他相信自己正飞行于佛罗里达群岛上空。佛罗里达群岛是

位于佛罗里达陆地以南的一长串岛屿。考克斯立即指令泰勒朝北飞向迈阿密，前提是泰勒能确定自己正在飞越佛罗里达群岛。

对于今天的飞行员来说，他们有多种方法来检查自己驾驶的飞机在空中的位置，包括跟踪在轨道中环绕地球运行的一套全球定位卫星（GPS）的信号。只要飞机上配备有合适的定位系统，飞行员又能正确运用它，飞机迷航几乎是不可能的事。然而，在1945年，在水面上空飞行的飞机必须依赖于自己的出发点、飞了多久、飞得多快和朝哪个方向飞来确定飞机的位置，其中任何一个数据弄错了，飞行员都可能迷失自己，而在茫茫大海上，是没有任何东西可以为他指明方向的。

很显然，泰勒在其飞行中的某一点上把自己给弄糊涂了。虽然他是一个经验丰富的飞行员，但在这条线路上却飞得不多。出于某种未知的原因，泰勒显然认为他们出发时的方向就错了——他们不是按计划往东飞，而是朝南往佛罗里达群岛方向飞。正是这种错觉影响了他在余下的整个行程中的决策，从而注定了第19飞行队的悲剧。

为了离开他想象中的“佛罗里达群岛”，泰勒自然会带领第19飞行队往北飞，但他们越往北飞，越偏离正确的航向。在他们的飞行过程中，海军机场接收到的无线电信息显示，第19飞行队的学员们一直力劝泰勒改变航线。“如果我们一直朝西边飞，”其中一名学员对另一名学员说，“我们就能回家。”他是对的。

到了下午4时45分，海军机场人员已确信泰勒迷路了，于是他们力劝他把飞行控制权交给他的学员，但却被泰勒拒绝。随着天色渐暗，无线电通信信号越来越差。从间或收到的由第19飞行队发来的只片言语可知，刚愎自用的泰勒带领飞行队仍然在朝北边和东边飞——他们正继续朝着错误的方向飞。

到下午5时50分，地面人员好不容易才跟踪到第19飞行队越来越微弱的信号，并判断他们显然是在佛罗里达的新斯米尔纳滩以东上空。然而，到这时，无线电通信信号已变得非常微弱，地面指令根本不可能发到迷失的第19飞行队。

到傍晚6时20分，一艘“小飞象”飞艇出发，它的任务是寻找第19飞行队并引导其返回。一小时之内，又有两架“马丁水手”飞机加入搜索。然而，随着天气变得越来越糟，第19飞行队的燃料即将耗尽，拯救泰勒等14人的希望迅速变小。两架“马丁水手”原计划在搜索区域会合，结果其中代号为“49号训练机”的飞机却永远没有出现，它同第19飞行队一样“失踪”了。

来自第19飞行队的最后信号在当晚7时04分被收到。海军飞机在疑为第19飞行队的失踪区域搜寻了一整夜加第二天白天，结果一无所获。不过，有关方面原本就没指望能找到什么，因为当时海面风暴引发的海浪高达15米以上，而第19飞行队的“复仇者”轰炸机的空载重量即达6 400千克，可以想见它一旦燃料耗尽坠海，肯定会在几秒钟之内沉到海底。大海捞针，谈何容易？

那架“马丁水手”飞机为何也失踪

了呢？两架“马丁水手”起飞后不久，“盖恩斯·米尔号”军舰的舰员观察到水面上发生了一次爆炸。他们立即驶向爆炸海域，发现海面上漂浮着像是油污和飞机残骸的东西。因风浪太大，他们没能打捞上来一件残骸，但几乎可以肯定这就是那架失踪的“马丁水手”的残骸。事实上，这种飞机有个绰号叫“飞行炸弹”，因为哪怕是一个小火花也能把飞机炸为灰烬。专家推测，这架“马丁水手”上面22人中的一人不知道充压舱内有瓦斯气体，点香烟而引发了爆炸。

那么，这个悲剧何以变成一个“百慕大三角之谜”呢？美国海军调查组当初就已认定，这次事故是由于泰勒的导航失误而酿成的。据熟识泰勒的官兵反映，泰勒是一个优秀的飞行员，但他爱凭直觉行事，以前也曾在飞行途中迷过路。事实上，后来进行的多次实地考察均表明，假如泰勒真的迷路了，按照当时的技术条件、天气状况和海上地貌（包括岛群）在飞行员眼中的相似性，泰勒被弄糊涂或搞混的可能性真的很大。不过，泰勒的母亲拒绝接受军方的这个结论，理由是：无论是飞机残骸还是飞行员遗骸都未被发现，又怎能把一切都怪罪于她儿子呢？最终，海军在调查报告中把这一事件的原因列为“未明”。正是这个“未明”成了“百慕大三角”玄论支持者的“救命稻草”，他们还煞有介事地宣称，是亚特兰蒂斯超文明绑走了第19飞行队。

第19飞行队的传奇，恐怕是在所有有关百慕大三角的故事中被重复引用得最多的一个。文森特·加迪斯将它引入他于1964年在《大商船》杂志上发表的那篇著名的文章中，正是在那篇文章中他“发明”了“百慕大三角”这个词组，并且把这个词组跟第19飞行队的失踪“有机地结合了起来”。从此，第19飞行队的失踪便成为“百慕大三角”玄论的“最有力证据”。这个故事的影响力很大，甚至就连好莱坞1977年出品的著名科幻片《第三类接触》也是以它为原型而拍摄的。

也许你会问：第19飞行队的下落如今找到了吗？1991年，“深海号”打捞船在打捞于空中解体爆炸的“挑战者号”航天飞机的残骸时，在佛罗里达离岸230米深的海底发现了5架“复仇者”轰炸机的残骸。然而，这些飞机的标牌号显示它们并不属于第19飞行队。事实上，多达139架“复仇者”轰炸机先后在战争中坠落于佛罗里达附近海域。看来，至今下落不明的第19飞行队及其飞行员，才算得上是尚待破解的“百慕大三角之谜”。

XIANDAI YOULINGCHUAN ZHI MI

现代幽灵船之谜

在大西洋茫茫无边的一片灰色中，一艘客轮正在孤独漂移。船上餐厅里唯一的声音是风声，唯一的气味是厨房里的铁锈味。曾经容纳上百乘客的船舱如今空空如也，没有一个人影。在船首，一排滴着水的字母拼写出这艘船的名字：柳波夫·奥尔洛娃（以下简称“奥尔洛娃”）。

“奥尔洛娃”是一艘现代幽灵船。它于2013年2月4日失踪，当时它正被拖行在前往多米尼加共和国的途中，船上没有动力也没有任何人。它的离奇消失引发了一场全球大搜索，参与者中既包括希望在它触礁或碰撞海上石油钻塔之前找到它的海岸警卫队，也包括希望证明一种新的卫星定位系统功效的协调人，甚至还包括一队寻宝者。其中每一组人都各怀心思：预防灾难、功成名就，或者一夜暴富。那么，寻找“奥尔洛娃”究竟有多难呢？

要回答这个问题，需要先了解一个重要的问题：在飞机和人造卫星已经能够观察我们的每一个举动的全球性侦测时代，一艘14 000吨的远洋客轮怎么会凭空消失呢？

离奇失踪

“奥尔洛娃”得名于苏联时期的一位著名女演员的名字。这艘客轮于1976年在南斯拉夫建成。在其鼎盛时期，它造访过两极地区，它的经过加固的船首能穿破海冰；游客们曾在轮船的观光甲板上抓拍闪亮的冰山，或者坐在船上的休息厅里啜饮。

然而，到2013年1月，“奥尔洛娃”在加拿大纽芬兰冰封的圣·约翰港被拘押，船员解散，燃料耗尽，船上唯一的生命迹象就是寄生虫。加拿大交通部希望这艘沦落的船只尽快离开。他们最终如愿以偿——“奥尔洛娃”被卖掉，它的新东家雇了一艘拖船，打算把它送到多米尼加拆解。葬身拆船厂看来就是“奥尔洛娃”的最终命运。

在“奥尔洛娃”于1月24日离开圣·约翰港后不久，恶劣天气降临。由于拖绳断裂，“奥尔洛娃”开始危险地向着海上油田漂移，石油公司不得不派船拦截住它，然后把它交与了加拿大交通部的一艘船。孰料，它随后便失踪了。

或者，它是被故意放走了的？加拿大交通部对此不予置评。不管真相如何，到2013年2月初，“奥尔洛娃”出现在了国际海域，在那里孤独漂移，接着再度失踪。大约一周后，在大西洋的另一侧，爱尔兰海岸警卫队队长克

“奥尔洛娃”旧照

里斯·雷诺兹与加拿大海岸警卫队官员通话，他打电话的目的原本是希望对方能搞定一次爱尔兰国家广播公司对一位加拿大宇航员的专访。然而，就在对话即将结束时，加拿大官员突然扔出重磅炸弹：“顺便提一句，我们丢了一艘船。”

雷诺兹知道自己遇到麻烦了：被盛行的大西洋洋流推到东面后，“奥尔洛娃”将冲向爱尔兰。它可能会触礁，引发一场大动干戈的清扫；或者它会漂进航道或油田，威胁人的性命。他必须找到这艘船。

一生都在海上的雷诺兹，还从未面临过如此大的问题。虽然很多被遗弃的船只、集装箱和其他残骸被认为仍在海上漂浮，但其中没有哪个能匹敌“奥尔洛娃”的100米长的船身。近年来失踪的这种级别的大船之一，是日本的一艘50米长的拖网渔船。它被2011年的海啸扫荡进了大海中，最终于2012年在美国海域被发现。

几天之后，雷诺兹及其领导的团队成为一场大洋搜索行动的协调人。

多方关注

雷诺兹的团队很快就意识到了这项任务的艰难。通常情况下，失踪船只是很容易被找到的：法律要求所有船只都通过“船只自动识别系统”发布自己的位置。这是一种集网络、现代通信、计算机、电子信息显示等技术为一体的新型数字助航系统，它配合全球定位系统，将船只的位置、速度、航向等动态资料，以及船名、呼号、吃水及危险货物等静态资料，由甚高频频道向附近水域的船只及岸台广播，使邻近船只及岸台能及时掌握附近海面所有船只的动静态资讯，得以立刻互相通话协调，采取必要避让行动，对船只安全有很大的帮助。可惜的是，“奥尔洛娃”的这

这张照片似乎暗示了“奥尔洛娃”的诡异命运

一系统已经失效了。要想靠眼睛寻找这艘“幽灵船”也不可能，毕竟海洋太大了。人造卫星上架设的相机同样无济于事，尽管它们都对准了海洋，但其分辨率却不足以识别一艘船，除非事先知道船在哪里，然后加以放大。

于是，雷诺兹将目光转向了专业化的搜索和救援软件，希望它能基于已知的洋流和盛行风预测“奥尔洛娃”的方位。然而，这同样颇具挑战性，因为这类软件的设计目的是寻找诸如喷气式水艇和游艇之类的小船，而非“奥尔洛娃”这样的大船。此外，“奥尔洛娃”已失踪一周以上，搜寻面积堪称巨大。

雷诺兹及其团队并不是唯一打算搜寻“奥尔洛娃”的人。“奥尔洛娃”的消息也传到了以比利时安特卫普为基地的“弗科特号”的船长皮姆·胡德斯的耳中。他和他的喜欢冒险的船员们通常以潜海打捞船难遗骸挣生活。嗅觉灵敏的胡德斯立即意识到，把“奥尔洛娃”拖回国际海域将让他们得到一笔意外之财。如果他们能控制它，他们要么得到一笔找寻费，要么以不少于70万欧元的价格把它卖给回收旧船的商人。他们甚至谈论起兜售船上家具、设备的事情，还想通过在网上出售幽灵船纪念品赚钱：以这艘船为主题的智能手机应用软件和T恤已经在网上公开叫卖。2月16日，胡德斯和一群志愿船员驶往大西洋“掘金”。

对胡德斯来说，通过“奥尔洛娃”发财的希望原本并不大，但他有幸遇到了美国马里兰州港市巴尔的莫的海上侦察顾问盖·托马斯，后者打电话邀请胡德斯参加一次会议。胡德斯对他说：“这回我恐怕来不了，我们正苦于寻找一艘船。”托马斯闻之，立即来了精神——他有一个已研发多年的项目。他对胡德斯说：“如果它（‘奥尔洛娃’）还在海上漂，我想我们能帮你找到它。”

苦苦搜寻

作为美国海军的一名前侦察工程师，托马斯在其大部分生涯里都在观测大海。但他现在也越来越受困于一个事实：海盗船、非法拖网渔船等船只几乎都能够保持无形。他意识到应该有一类感应器能监视这些船，而它并不依靠视觉。这就是合成孔径雷达。

合成孔径雷达，一种能产生高分辨率图像的(航空)机载或(太空)星载微波成像雷达，被广泛地应用于遥感和地图测绘。其工作原理是，雷达发射一个无线电脉冲到一片宽阔的区域，然后根据信号散射回来的时间和散射回来的类型来描述地形等表面特征。与相机不同，这种雷达能搜索宽广的洋面，而且分辨率很高，足以识别一艘船。托马斯已经据此设计了一个系统，它能把合成孔径雷达卫星的操作员与海事当局连接起来。现在，在得悉寻找“奥尔洛娃”的消息后，他立即想着：如果能用这种方法找到“奥尔洛娃”，将是其有效性的最好证明。

托马斯向意大利合成孔径雷达卫星操作员提出请求：请捐出你们的四颗人造卫星（它们在两极之间迅速移动）的一些时间。在爱尔兰团队提供了他们对

合成孔径雷达卫星工作原理图

紧急示位无线电信号浮标

“奥尔洛娃”的坐标的最佳估计值后，人造卫星随即开始工作。每当卫星图像传回来后，爱尔兰团队立即把来自船只的“自动识别系统”信号浮标的光点（它们会在雷达屏上显示出来）标记下来，希望由此找到一个安静的光点——它有可能就是“奥尔洛娃”。有好几次他们都以为自己找到它了，但等到下一批卫星图像返回时，那个光点又不见了。看来，“奥尔洛娃”没在那里。

在茫茫大海上，胡德斯及其团队也在苦苦挣扎。冬季的大西洋，大浪如同大山一样令人生畏。驶向搜寻区才一周时间，他们船上的一部发动机就熄火了。他们不得不返回安特卫普，等待下一次出海机会。

与此同时，传言四起。法新社的一篇文章称，美国一家海事机构在2月21日见到了“奥尔洛娃”。还有消息说，有人在加勒比海的一个港口附近看见了这艘大船。

到2013年2月23日，事情突然有了转机——爱尔兰海岸警卫队接到来自“奥尔洛娃”上的一个“紧急示位无线电信号浮标”发出的求救信号。“奥尔洛娃”上有六艘救生艇，每一艘都配备有一个这样的求救信号浮标。这些浮标的激活条件是：船在下沉，或者救生艇掉落海面。这个浮标给出了“奥尔洛娃”的确切位置：它在爱尔兰团队搜寻区域的东北边缘。

至此，几乎每个人都相信“奥尔洛娃”一定是沉没了。如此来看，它碰撞其他船只或石油钻塔的危险解除了，它搁浅的可能性也排除了。于是，人造卫星停止了对它的搜索。

然而，差不多两周后，令人惊奇的事情发生了：又接到来自一个信号浮标的求救信号。这就怪了：如果“奥尔洛娃”已经沉没，这又怎么可能呢？或者，只是有救生艇从这艘船上脱落？或只是一部分船体被水淹没？不管是什么原因，对这个信号都不能视而不见。于是，爱尔兰搜寻队又开始工作。

那么，胡德斯领导的比利时搜救队是否会领先于爱尔兰搜寻队呢？事实上，胡德斯已经逼近了这个最新位置。一天，一个爱尔兰人找到胡德斯，声称自己知道“奥尔洛娃”的位置。胡德斯把此人所说的位置与其他来源进行比较后，认为可信，于是搜救队又一次出海，目的地正好很靠近第二个求救信号所在位置。

2013年3月22日，比利时搜救队到达目的地，他们的多架直升机在海面上搜寻。涌浪使得直升机的起飞和降落都很危险，但这个风险值得冒：它们一次就能扫描一条50千米宽的海面。很快，胡德斯就看见了远处的一艘客轮。“就是它了！”胡德斯满心欢喜。然而，那艘客轮回答了他们的无线电呼叫。前前后后，他们一共看见了五艘船，但没有一艘是他们要寻找的“幽灵船”。几天后，作为最后的努力，胡德斯关闭了他的轮船发动机，任由船漂离，试图以此查明洋流会怎样带走“奥尔洛娃”。出乎预料的是，海风令他的船加速向西漂移。胡德斯渐失信心，又恰逢天气恶化，他只好打道回府。

至今未果

此时，爱尔兰搜救队正在升级搜索行动。雷诺兹请求人造卫星再进行一次搜索。结果，他们又得到了两个光点：一个可能代表一艘救生艇，另一个则肯定代表一艘大船，它在冰岛和苏格兰之间静静地移动。现在，到了让飞机起飞搜寻目标的时候了。

2013年4月初，两架飞机起飞了，它们各找寻一个光点。然而，前往搜寻的第一架飞机什么都没有发现。就算那里真的有过一艘救生艇，肯定也已经沉没了。希望落在了第二架飞机上，它负责搜索爱尔兰东北的海面。最终，第二架飞机定位了一艘船。它会是“奥尔洛娃”吗？不，它只是一艘关闭了所有应答机的西班牙渔船。它之所以关闭应答机，是因为它在不应该捕鱼的地方捕鱼。

“奥尔洛娃”看来真的失踪了。自消失后半年多以来，它一直没有现身过。这让人失望吗？当然。所有的搜寻都无功而返吗？雷诺兹不这么看。他认为，这些搜索凸显了很重要的一点：就算到了21世纪，我们对海洋发生的事情的了解还是少得可怜。如果连寻找“奥尔洛娃”都如此艰难，我们又怎能有效地跟踪海盗船或者非法捕鱼船呢？尽管每一艘船都有自己的典型行为，但目前的侦测系统并不擅长对这些典型行为加以识别，雷达卫星技术也不完善。而对“奥尔洛娃”的搜寻行动表明，只要能正确使用雷达卫星技术，应该容易发现小船。由此可见，建立现代化的海上监测体系应该是有可能的。

那么，“奥尔洛娃”是否已沉睡海底？下面的理由让我们相信答案是否定的。首先，建造过程决定了这艘船的漂浮能力很强，只要不解体，哪怕在最恶劣的天气下它也不会沉没。其次，它有六艘救生艇，如果它们全都落水了，为什么只收到了两个信号？胡德斯估计“奥尔洛娃”可能会漂浮海上多年，只要能最终确定它的位置，他就一定会捉到它。

船只和其他大型物体长期失踪于海上当然不是前所未有的事。2012年，一个20米长的日本浮动船坞被冲上美国俄勒冈海岸，它是此前15个月在海啸中失踪的三个浮动船坞之一。自2000年以来，至少七艘“幽灵船”被发现在海上漂浮，其中既有从澳大利亚消失、已经锈迹斑斑、船主身份未知的80米长的油轮，也有在撒丁岛（意大利在地中海的一个岛）附近发现的一艘甲板上仍摆放着只吃了一半的饭菜的无人游艇。另据估计，大约2 000个海运集装箱从船上掉入海中，其中有1/3如今仍在海上漂浮。

不过，记录保持者可能属于瑞典轮船“贝奇莫号”。它于1931年被弃于海上浮冰中，大约30年后它被发现漂浮于阿拉斯加海域的不同地点。它最后一次被看见是在1969年，阿拉斯加政府在2006年对它发起的搜寻行动没能取得成果。那么，“奥尔洛娃”是否面临相似的命运？在大西洋的茫茫灰色中，它或许依然在寂寥、安静地漂浮，只有海浪不断拍打着它——或许，它将永远躲开我们的视线，成为一艘名副其实的幽灵船。

“奥尔洛娃”及其救生艇（2010年2月）

BEIJI HANGDAO DE BEIGE

北极航道的悲歌

英国最知名的探险家之一的富兰克林率领133人乘坐两艘大船出征，目的是完成世界上首次从大西洋出发通过加拿大的西北航道到达太平洋的航程。然而，他们进入北极冰原后却神秘失踪。160多年前的这个谜团，直到最近才被彻底破解。

2013年8月8日，全球媒体聚焦从中国大连港起航前往荷兰鹿特丹的中国“永盛号”轮船。“永盛号”备受瞩目的原因不在于它的货物，而在于它的航线——它正航向分隔俄罗斯和阿拉斯加的白令海峡，一旦通过白令海峡，它将进入北冰洋，并在那里尝试展开现代航海活动中最大胆的航行之一——通过东北航道。这是中国首次尝试利用东北航道来抵达它最大的市场——欧盟。“永盛号”5 440千米的航程将历时约35天，比从亚洲经由苏伊士运河前往欧洲的传统航道耗时要少约两周。对于运输、采矿以及石油、天然气勘探来说，打通北极航道的重要性不言而喻。

自哥伦布发现新大陆以来的数百年间，航海者们一直梦想取道常年冰封的北极航道。而在过去几十年中，由于全球气候持续变暖，北极夏季浮冰减少，这使得紧靠俄罗斯北部海岸的东北航道已经通航，而穿越加拿大北极群岛的西北航道在未来几十年中也可能变成一条“通航大道”。

回望人类探险史，为了寻找通往富庶东方的海上捷径，数以千计的西方探险家进入北极地区，他们与酷寒、黑夜、饥饿和坏血病展开了艰苦卓绝的斗争，他们中的大多数铩羽而归，一些人甚至长眠极地，留下了无数可歌可泣的故事。本文将要讲述的就是其中一个令人唏嘘不已的悲惨故事。

梦想之旅

134人乘坐两艘军舰，开启一趟史诗般的航程。

1845年春季的一个早晨，经验丰富的海军船长约翰·富兰克林爵士在英国海军部接到最终命令：率队前往或许是世界上最危险，也是最后的未被探索过的水路之一——西北航道（也称西北水道）。当时，前往亚洲的唯一道路是围绕合恩角进行险峻之旅，费时6个月。英国人相信应该有一条捷径，即通过加拿大北部前往亚洲，如此一来能减少几个月的路途时间。300年来，人们一直试图突破北极冰封，但没有任何人得以实现这个梦想。

富兰克林的这次远征，是19世纪英国海军旨在穿越北极航道的最雄心勃勃，也最齐心合力的尝试。富兰克林爵士是英国最有名的北极探险家之一，当时已59岁的他看起来不太适合如此艰巨的征程，但打通北极航道是他一生的梦想。他和副手弗朗西斯·克罗兹将领导的是到当时为止最大型和技术最先进的北极探险之旅：134人将乘坐两艘经过改建的军舰——“恐惧号”和“黑暗号”完成这趟史诗般的航程。

这两艘船都经过了超级加固：船首添加了铁板，船上安装了由火车引擎改制的推进器——这一新发明能让船只史无前例地破冰而行。船上还有一项旨在解决远程航行中易发生的挨饿问题的措施——罐装食品。在此前的一次北极之旅过程中，富兰克林及其船员们不得不通过打猎和捡垃圾来喂饱肚子，最终有

8人死于饥饿，富兰克林本人也差点丢命。那次经历还让他得到了一个绰号："吃自己靴子（皮）的人"。而这一次，他们的船上搭载着保存在罐头里的超过10吨的肉和蔬菜，这也是首次完全依赖罐装食品的行程。此外，为了给船员们解闷，船上还配备了管风琴及一个有上千本藏书的图书馆。

1845年5月，这两艘船驶离伦敦。根据富兰克林当年7月发回的报告，两艘船很平静地抵达并靠港格陵兰以补充供给。其中有5人在那里下船回国，其余人则给家人带信回来，他们都称赞富兰克林是个好船长。1845年7月28日，探险船在进入北极航道时路遇一艘英国捕鲸船，捕鲸船报告说富兰克林一行情绪高涨，他们都确信自己将成功完成任务。

然而，第一个冬天过去了，富兰克林一行却失去了音信。不过，英国海军部对此并不紧张。到第二个冬天也过去时，还是没有这两艘船的消息。富兰克林的妻子要求海军部寻人，海军部置之不理，因为他们相信依靠船上的食物，探险队完全能在冰上存活至少3年。直到第三个冬天临近，海军的信心开始动摇。1848年，第一艘搜救船终于离开英格兰，前往北极航道找人。

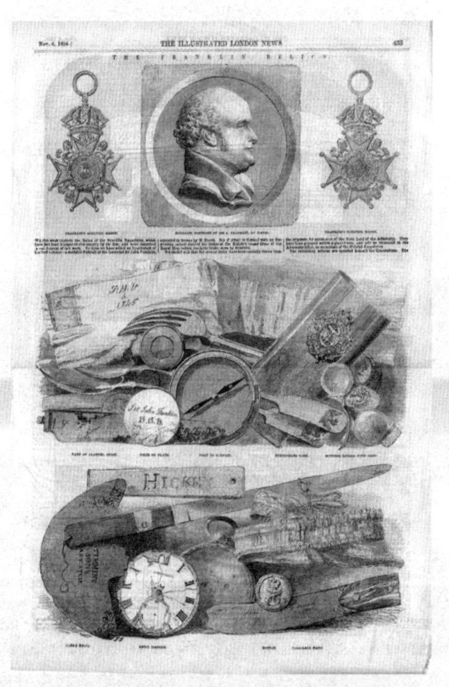

富兰克林船队的部分遗物（1854年画）

到这时，这次探险显然已经失败并成为震惊整个英国的话题。在英国的300年极地探险经历当中，如此规模的远征还没有一次失过手。另外，这次旅程原本应该非常成功，毕竟条件从来没有这么优越过。究竟发生了什么？难道是船被坚冰刺穿了，或者船员们遭遇了疾病袭击？英国海军甚至担心他们遭到了北极土著因纽特人的攻击——在英国人看来，因纽特人是野蛮人。

百年谜题

100多年后，调查人员在毕切岛上发现了耐人寻味的东西。

富兰克林的船员究竟遇到了什么？直到160年过后，这仍是一个谜。

第一个有关富兰克林一行自带毁灭种子的发现取得于他们1850年到过的毕切岛——进入北极航道后近500千米处的一个小岩石岛。今天这个岛上有一小群因纽特人居住，但在富兰克林时代这个地区是不见人烟的荒原。20世纪80年代，历史学家来到这座岛上，发现了被遗弃的营地遗址，遗址上留有搭帐篷的痕迹和在石头上建造植物园的迹象等。

随着富兰克林探险队出发后第一

个冬天的到来，海水结成了冰，两艘探险船显然抛锚在了毕切岛。船员们上岛并在岛上待了至少7个月，期待夏天冰融。调查人员在毕切岛上发现了一些耐人寻味的东西——空罐头盒、航海经纬仪、一对砍雪刀和一双像是放在太阳下晾晒的手套。调查人员还发现了非常令人不安的东西——富兰克林探险队3名船员的墓地。原来的墓石（随后被替换）没有指明他们的死因，而长途航行中最常见的杀手是由缺乏维生素C导致的坏血病。可是，富兰克林探险队携带了大量柠檬汁来抵御坏血病，这让历史学家怀疑是其他原因造成了这3人甚至整个船队的覆灭。

1984年，经过加拿大政府允许，一组法医学家来到毕切岛，他们挖出了这3人的遗骸（此前没有任何调查人员检验过这些墓）。科学家们希望冰原能完好保存这些尸体，却没想到自己所见到的比想象的保存得更好——这些死者的眼睛依然生动，仿佛在回答他们的提问。法医团队现场解剖了这些遗体，发现他们死于肺结核。这是当时的一种常见而致命的疾病，但不至于毁掉整个探险队。事实上，在营地遗址发现的大量空罐头盒暗示，大部分队员都挺过了离开英国后的第一个冬天。但调查人员也对他们扔下的可用物品之多感到困惑，这说明他们离开得很突然。那么，是什么原因促使他们匆忙丢弃营地？或许，他们别无选择。

为什么他们别无选择？也许，他们等了又等，突然劲风拂来，海冰向南漂移。富兰克林肯定会立即抓住机会逃亡，探险船快速驶入北极航道。但后来发现的种种证据表明，他们再次陷入冰中。如今伦敦海事博物馆中保存着从北极区域找到的富兰克林船队物品，它们曾经散落在数百千米长的冰雪地带。这些物品是在整个19世纪50年代找到的。其中第一件物品是由加拿大探险家约翰·雷博士在1854年发现的。在毕切岛探险行程中，雷博士遇到了一群因纽特人，他相信他们的财产中有好几件小物品属于失踪的富兰克林探险队，这些物品包括两个望远镜部件、一个小木盒、一只铜火柴盒、一把带骨柄的小折刀和一把皮革制作工具。

这些东西可不像在毕切岛上发现的空罐头盒等垃圾，而是探险队员不应该主动丢弃的个人物品。因纽特人告诉雷博士，他们看见过陷在冰中的两艘船，还看见一些白人往南走。但雷博士无法知道因纽特人是在哪里看见这些白人的，因为因纽特人没有地图，对方向的描述也比较模

这是美国记者霍尔在其1865年所著一本书中的北极因纽特人村庄插图。因纽特人为破解富兰克林船队失踪之谜提供了大量重要线索

糊。这还不算最糟的——因纽特人还告诉雷博士，其中一些白人还吃人肉。在英国，这一说法被嗤之以鼻。

雷博士的这些发现是在富兰克林船队离开英国差不多十年后取得的。此时英国海军部已私下作结论：无望发现幸存者。但富兰克林的妻子不愿放弃。1858年，她雇佣的搜救队抵达威廉王岛，在那里取得了两个重要发现。首先是一艘小船，船上有雪橇，还有用于拖船的绳索。船上还装载着相关的设备及个人财物。第二个重要发现是两具人骨架，它们发现于岛上离岸约30千米处的一座墓葬，墓葬堆石里发现的一个金属盒子中装着一份书面记录（日期为1847年5月）：“船自1846年9月起一直困在冰中。我们目前的位置是威廉王岛北端。”很显然，这就是探险队搁浅之地。富兰克林很可能从毕切岛向西又行驶了大约90千米，然后朝南进入皮尔海峡，从而到达了威廉王岛。对富兰克林来说，这些都是陌生海域。但他和英国海军显然都相信这条朝南的路径是走出北极航道的关键。皮尔海峡通往一个水道网络，最终通往白令海峡，再到太平洋。那么，富兰克林带领他的船队最终走出了皮尔海峡吗？

不归之路

这是一条冰封的死路，一旦他们走进去，就再也没有逃生的机会。

对富兰克林来说，从皮尔海峡通往白令海峡，再到太平洋，这条海路非常诱人，但前提是它是开启的，而不是冰封的。今天的科学家已经知道，皮尔海峡实际上非常多变，例如它上一年完全化冰，而下一年却完全冰封，就连现代舰船也难以通过。富兰克林不知道的是，北极冰呈漏斗形自北穿越麦克林托克水道，最终堆积在皮尔海峡南端。富兰克林船队在转往南方时不可能知道这是一条冰封的死路，而一旦他们走进死路，就再也不可能逃生。

在皮尔海峡南端，海冰可能包围了富兰克林船队，至少发现于威廉王岛上的另一份记录的附注提示了这一点。这份年代为1848年的记录是由富兰克林的副手克罗兹写的，其中说两艘船仍旧困在冰中同一位置。也就是说，几近两年内他们都无法动弹。究竟出了什么问题？通常极地冰到了夏天都会融化。那么，是否这一次海冰就没有融化？

此前从无极地探险队报告说夏天冷得连冰都不消融。极地科学家也对这一异常感到惊奇。最近，他们下决心弄清富兰克林船队当时究竟遭遇了什么天气。科学家钻探北极冰冠，取样用于调查其他时期的温度模式。在大多数纬度，冰都不是永久性的。但在北极圈以北，冰却经常终年不化，甚至几千年都不解冻。科学家从冰面下超过百米深度提取冰芯。冰芯之所以能提供过去的气候历史，是因为地面发生的事情都会随着冰被埋葬而得以保存。如果表面雪融化，水就会向下渗漏形成冰层。雪融越多，冰层也越多越厚。通过计算冰层数和分析冰芯中的化学组分，科学家就能锁定代表19世纪40年代晚期的冰芯位置。他们由此发现，当时根本就没有雪融形成的透明冰层。他们还发现，20世纪70年代初也出现过类似情况，气象记录表明当时几乎全年都是冬季。对于19世纪的富兰克林船队来说，海冰不消融只可能意味着死路一条。

神秘杀手

在进入北极3年后，坏血病终于缠上了他们。

毫无疑问，富兰克林船队当时遭遇了“妖怪冬季”——此前的探险队从未遇到过的极寒严冬。更恐怖的是，冰芯样本显示当时的极寒可能持续了5年之久。这种极度霉运让富兰克林探险队深度被冰所困。然而，还有更坏的消息。同样写在船上记录中的另一条信息是：“富兰克林爵士死于1847年6月11日。至今已有9名官员和15名船员死亡。”一个神秘杀手开始潜近他们。

富兰克林死时，第一支搜救队甚至还未离开英国。在这支搜救队离开英国3年后，富兰克林探险队的领头人和128名船员中的20%已经去世。不过，当时仍然还有很多人生活在船上，并且食物充足。最后一条船上记录中说，船员们弃船，开始往南走。在这份简短记录中，克罗兹证实了一个可怕的真相——这次探险分崩瓦解，每个人存活的希望都在迅速消退。这并不奇怪，他们当初根本没想到会失败，因而没有制定除乘船之外的逃离计划，没有携带适合当地地貌的轻质雪橇，没有想到会再度需要打猎求生。

被船员转变成一部雪橇的那艘小船装满了船员们的个人财物，它稍后被一支搜救队发现，其重量据估计达640千克。在受困于北极冰中3年后，船员们一个接一个死去，他们的陆上逃逸必定是一种绝望之举。最近的前哨也在南面上千千米处，步行逃生到那里全无可能。不难想象，队员们肯定不想放弃财物，但这些财物对于他们的逃亡来说已经构成了负担，对于求生而言已经不再重要——在崎岖雪地中拖拉沉重的财宝是多么艰难。

船员们丢弃财物的地点是在威廉王岛的西岸，但线索到那儿也断了。根据路径证据，英国海军部相信船员们都是在试图走出荒原的过程中饿死的。这也是100多年来英国官方的说法。但又有目击证人说，他们看见了陷入绝望境地的富兰克林探险队队员。这些证人的说法与英国官方的迥异。为什么这么说呢？

阿蒙森和他的队员

19世纪60年代，美国记者查尔斯·弗兰西斯·霍尔在待在加拿大北极圈的5年期间（当时他经常和因纽特人同吃同住）发现了这些证人。他访问了几十位当地人，仔细记录了他们的证词。但这些证词又一次被英国方面否定，后者称因纽特人不可靠。历史学家重新研究了保存于美国史密森博物馆的霍尔记录，确信霍尔是一个非常敬业的人。他信任因纽特人，他的很多记述都与实际证据完全符合。因纽特人向他提到了一个被弃的营地—— 一间可怕的帐篷，里面有尸体和被弃的装备。因纽特人所说的这个营地位于威廉王岛上某处，这正是被弃的船和船上记录被发现的地方。因纽特人说，帐篷里的死者脸很黑。这是冻伤的症状。他们还说，这些人嘴里也很黑。这可能只意味着一件事——他们进入北极3年后，坏血病终于缠上了他们。

尽管英国海军很早就知道柠檬汁能抵挡坏血病，但他们不知道柠檬汁中的活性成分——维生素C会随着时间推移而渐失药力。到了1848年，船员们可能已开始遭受坏血病的蹂躏。坏血病的最初症状是全身无力，牙龈肿胀变紫，轻轻一碰就会大出血。随着病情发展，到处都流血，包括眼睛。血流进肌肉，让人痛苦万分，最终非常恐怖地杀死患者。

船员们应该懂得坏血病的症状，但他们不可能知道另一种阴毒疾病的症状。在对毕切岛上的3名年轻船员的尸体进行解剖时，法医学家提取了头发和组织样本以备后续检测。在加拿大一间实验室中，科学家在这些样本里发现了让他们吃惊的东西——比正常情况下高出6~10倍的铅，足以造成铅中毒。铅来自哪里？有人暗示，这么高的铅含量应该是由维多利亚时代英国的工业污染导致的。但加拿大人类学家安妮·克林赛德决定从另一个角度检验证据。

首先，她的测试证实了死者体内的铅含量极高，肯定会引发非常严重的中毒症状。接着，她运用X射线荧光检测术，发现软骨中的铅浓度比身体其他部位高。这是一个重要线索，因为软骨像椎骨一样每几年就更新一次。换句话说，3人生前相对近期才暴露于高浓度的铅中，不然的话随着软骨的更新，软骨中的铅含量就会大减。因此，这是一种短期暴露。根据克林赛德的这一发现，科学家重新检视了发现于毕切岛的线索。他们发现食品罐是用焊料封口的，这种软金属化合物包含铅。化学分析表明，食品罐中的铅含量与死者体内的匹配。铅中毒的症状包括疲倦、意识不清、妄想狂等，它本身不足以致死，但如果船员们还受到坏血病的困扰，就另当别论了。

永留极地

骨骸讲述了那些永不放弃逃生希望的探险队员的悲惨故事。

到了1848年冬天，也就是这次北极之旅的第四个冬天，船员们逃生的窗口迅速关闭。他们因饥饿和疾病而变得虚弱不堪，他们之间的关系也进一步恶化。从因纽特人的证词里，可以清晰看出此时传统的纪律已不复存在。船员们分化成了不同群体，很可能还互相敌对。其中一些人重回船上，一些人扎营陆地，一些人各走各的路。这无疑是末日的开始，每个人都想找到出路。

从因纽特人的证词中也明显可见船员们士气衰落。一名因纽特老婆婆对美国记者霍尔说，和她同村的一名男子偶然遇见了那艘船上的幸存者。他是一个人上船的，看见船上那些人的脸都黑黑的，手和衣服也是黑的，看起来一身都是黑的。他们不让他走，这让他很惊慌。接着，船长出面干预："让他走！"然后，船长又把这个因纽特男子领进自己的船舱，告诉他注意陆地上有人搭建的大帐篷。船长还说，因纽特人和船上的人都不要到那个帐篷去。

因纽特人并未被告知为什么一些船员要到陆地上搭帐篷，但1994年在威廉王岛上发现的人类骨骸暗示了一种惊人的可能性。安妮·克林赛德检测了这些骨骸，发现它们的铅含量也很高，这把它们与富兰克林探险队联系起来。接着，她又使用高倍电子显微镜检查这些骨头的表面，结果发现了很清晰的、明显有别于动物齿痕的割痕，很像是刀痕。她还发现，大量割痕位于关节边缘，其中一些骨头原本覆盖大量肉或软组织。手和足部也有割痕，因为手足是除了脸面之外最明显的人类特征，吃人者首先会移除这些部分。总之，上述证据强烈暗示当时在船员们之间确实发生了人吃人现象。

克林赛德的检测最终支持了因纽特人的描述。根据其他因纽特人的证词，并非所有人都待在船上或船的附近。根据霍尔的记录，两名因纽特老人遇到了在冰中往南走的一小群男人，走近一看才发现是白人，他们向因纽特老人要吃的。其中一名官员向因纽特人示意两艘陷在北边冰中的船，他还做出朝左右两边倒的动作，并且打口哨、吹气，模拟冰划破船的声音。

两名因纽特老人和他们待了一晚，给了他们一些海豹肉。次日因纽特人离开时，这位官员希望他们不要走。但他们不知道船员们还是很饿，还是走了。这并不奇怪，因为当地的因纽特人也不多，不可能养活几十个饥肠辘辘的船员。

近年来，在威廉王岛上一条长数十千米的地带又发现了一些人骨架。这些骨骸讲述了那些永不放弃逃生希望的探险队员的悲惨故事。刚开始，他们埋葬自己的死去的同伴。接着，他们自己也被冻死、饿死。在如此漫长的生死抗争之后，死亡的最终到来仿佛是最好的解脱。

霍尔的最后报告来自于一名因纽特猎人，他说自己看见了4名在雪地上行走的苍白无力的白人，时间大约是在1851年。当春天到来时，他们给了他一把官员的剑，感谢他对他们的救助。然后，他们向他道别，说要回家去了。此后，他再也没有见到过他们。1859年，在富兰克林船队离开英国14年后，英国官方的搜救行动正式终止。134名探险英雄永留极地。